奇迹数学世界
QIJISHUXUESHIJIE

最完美的发明 数学
ZUIWANMEIDE
FAMING SHUXUE

周 阳◎主编

北方妇女儿童出版社
吉林出版集团有限责任公司

图书在版编目（CIP）数据

最完美的发明——数学／周阳主编 . — 长春：
北方妇女儿童出版社，2012.11（2021.3 重印）
（奇迹数学世界）
ISBN 978 – 7 – 5385 – 6884 – 4

Ⅰ . ①最… Ⅱ . ①周… Ⅲ . ①数学史 – 世界 – 青年读
物②数学史 – 世界 – 少年读物 Ⅳ . ①O11 – 49

中国版本图书馆 CIP 数据核字（2012）第 228705 号

最完美的发明——数学

ZUIWANMEI DE FAMING——SHUXUE

出 版 人	李文学
责任编辑	赵　凯
装帧设计	王　璿
开　　本	720mm×1000mm　1/16
印　　张	12
字　　数	140 千字
版　　次	2012 年 11 月第 1 版
印　　次	2021 年 3 月第 3 次印刷
印　　刷	汇昌印刷（天津）有限公司
出　　版	北方妇女儿童出版社
发　　行	北方妇女儿童出版社
地　　址	长春市福祉大路 5788 号
电　　话	总编办：0431-81629600
定　　价	23.80 元

前　言

　　数学，起源于人类早期的生产活动，被古希腊学者视为哲学之起点，数学的希腊语的意思就是"学问的基础"，在中国是古代六艺之一。数学，作为人类思维的表达形式，反映了人们积极进取的精神品质、严谨周详的逻辑推理以及对完美境界的不懈追求。

　　数学源于生活，而它最终的目的是服务于生活，解决生产和生活中的各种问题。数学在人类生活中的应用可以说是源远流长了。人类从猿进化而来就已经用到了数学。如：在计算日子的时候，在绳子上打个结，就表示一天。这便是结绳记事。

　　数学是人类不可缺少的基本工具，能够帮助人们处理数据、进行计算、推理和证明，利用数学模型还可以形象地描述自然现象和社会现象；数学为其他科学提供了语言、思想和方法，是一切重大科学技术发展的基础。

　　数学知识和数学思想在人们日常生活、生产实践中有极其广泛的应用。例如，人们购物后须记账，以便年终统计查询；去银行办理储蓄业务，查收各住户水电费用等，这些便利用了算术及统计学知识。此外，社区和机关大院门口的"推拉式自动伸缩门"；运动场跑道直道与弯道的平滑连接；底部不能靠近的建筑物高度的计算；隧道双向作业起点的确定；折扇的设计以及黄金分割等，则是平面几何中直线图形的性质及解直角三角形有关知识的应用。

　　20 世纪以前没有"应用数学"这一名词，直到"二战"前，高等数学的应用绝大部分与物理学有关。在"二战"前后，由于航空工业的发展以及飞机在战争中的重要性，高等数学开始大量用在力学及其他工程方面，促成了应用力学与应用数学的发展。20 世纪 60 年代以后情况就有些改变。一方面高等数学的应用范围愈来愈广，不但物理学、工程、化学、天文、地理、生物、医学在应用高等数学，甚至经济学、语言学也开始应用相当多的高等数学，应用数学因此得到发展。

　　总而言之，数学自它"发明"以来，其应用领域不断扩大，所发挥的作用也在不断加深。而且学习数学，对于个人来说，它在提高我们的逻辑推理能力、分析能力、抽象能力和想像力等方面也有着极其重要的作用。

走进完美的数学世界

创建数学王国的功臣们

数学在生产生活中的应用

数学在文艺中的应用

走进完美的数学世界

　　从人类早期的结绳记事到今天计算机的高速运算，数学的发展经历了一个相当漫长的过程，古代的希腊和中国等国取得了举世瞩目的辉煌成就，为数学打下了奠基性的工作；从 17 世纪开始，数学发展到近代，这一时期涌现了众多卓有建树的数学大师，各种数学符号确定定型，各种数学理论层出不穷，数学获得了极大的发展与壮大；数学进入到 20 世纪以后，其发展速度之快、范围之广、作用之大，远远超出人们的预料，深刻改变着人们对数学的认识。

数学的起源

　　数学最早起源于适合人类生存的大河流域，例如尼罗河流域的古埃及、两河流域的古巴比伦、黄河长江流域的古代中国等。伴随着这些早期文明的发展，数学也开始了它的萌芽和进程。

　　在有文字记载之前人类就已经有了数的概念。起初人们只能认识"有"还是"没有"，后来又渐渐有了"多"与"少"的朦胧意识。而"多"与"少"的意识原始人是在一一对应的过程中建立的。即把两组对象进行一一比较，如果两组对象完全对应，则这两个组的数量就相等，如果不能完全一一对应，就会出现多少。例如，据古希腊《荷马史诗》记载：波吕斐摩斯被俄底修斯刺伤后，以放羊为生。他每天坐在山洞口照料他的羊群，早晨母羊出洞吃草，出来一只，他就从一堆石子中捡起一颗石子儿；晚上母羊返回山洞，进去一只，他就扔掉一颗石子儿，当把早晨捡

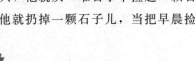

起的石子儿全部扔完后，他就放心了，因为他知道他的母羊全都平安地回到了山洞。

另一个方面，在长期的采集、狩猎等生产活动中原始人逐渐注意到一只羊与许多羊，一头狼与整群狼在数量上的差异。通过一只羊、一头狼与许多羊、整群狼的比较，就逐渐看到一只羊、一头狼、一条鱼、一棵树……之间存在着某种共同的东西，即它们的单位性。由此抽象出数"1"这个概念。数"1"可以说是这类具有单个元素的集合的特征。可以认为，在人类发展的一个相当长的阶段上，人们最早具有的数的概念是"1"，与之相对应的是一个比较确定的观念——"多"。如上面的"数羊"，人们把一些被数物品用另外某些彼此同类的物品或标记来代替，如用手指、小石块、绳结、树枝、刻痕等。根据彼此一一对应的原则进行这种计算，也就是给每个被数物品选择一个相应的东西作为计算工具，这就是早期的记数。

最早可能是手算，即用手指计数。一只手上的 5 个指头可以被现成的用来表示 5 个以内事物的集合。两只手上的指头合在一起，可以数到 10，再和脚趾联合在一起，可以数到 20。有人认为，现在的罗马数字Ⅰ、Ⅱ、Ⅲ、Ⅳ就分别是 1~4 个手指的形象，Ⅴ是四指并拢拇指张开的形象，10 则画成ⅤⅤ，表示双手，后来又画成 X，是ⅤⅤ的对顶形式。古代俄国把 1 叫做"手指头"，10 则称为"全部"。这些都是古代手指计数的痕迹。亚里士多德曾经指出，今天十进制的广泛采用，只不过是人类绝大多数人生来就具有 10 个手指这样一个解剖学事实的结果。

手算能表示出的数目毕竟有限，即使再借助于脚趾，也不过数到 20。当指头不够用时，数到 10 时，摆一块小石头，双手就解放了，还可以继续数更大的数目。自然地人们会想到，可以不用手，直接用石头记数。但记数的石子堆很难长久保存信息，于是又有结绳记数。我国有"上古结绳而治，后世圣人，易之以书契"的说法。"结绳而治"一般解释为"结绳记事"或"结绳记数"。"书契"就是在物体上刻痕，以后逐渐发展成为文字。

结绳记事、记数，并不限于中国，世界各地都有，有些地方甚至到 19 世纪还保留这种方法，有些结绳事物甚至保存下来。例如，美国自然史博物馆就藏有古代南美印加部落用来记事的绳结，当时人们称之为基普：在一根较粗的绳子上拴系涂有颜色的细绳，再在细绳上打各种各样的结，不同的颜色和结的位置、形状表示不同的事物和数目。

结绳毕竟不甚方便，以后在实物（石、木、骨等）上刻痕以代替结绳。从现在的考古资料看，几乎所有的文明古国都经历过一个刻痕记数的阶段，只是各自的形式不同而已。

无论手算、结绳还是刻痕所记下来的数还不是现在意义上的数，只是物体集合蕴涵着的数量特性从一个物体集合转移到另一个物体集合上。也就是说，人们还不能脱离具体的物的集合来认识"数量"。但是，当人们可以任意选用这种随手可得的东西来记数时，就离形成数的概念为期不远了。

总之，在人类几万年的原始文明中，只限于一些零碎的、片断的、不完整的知识，有些人只能分辨一、二和许多，有些能够把数作为抽象的概念来认识，并采用特殊的字或记号来代表个别的数，甚至采用十、二十或五作为基底来表示较大的数，进行简单的运算。此外，古人也认识到最简单的几何概念，如直线、圆、角等。

知识点

《荷马史诗》

《荷马史诗》相传是由公元前8—9世纪之间的古希腊盲诗人荷马创作的两部长篇史诗《伊利亚特》和《奥德赛》的统称。这两部史诗最初可能只是基于古代传说的口头文学，靠着乐师的背诵流传。荷马是将两部史诗整理定型的作者。《伊利亚特》和《奥德赛》处理的主题分别是在特洛伊战争中，阿喀琉斯与阿伽门农间的争端，以及特洛伊沦陷后，奥德修斯返回绮色佳岛上的王国，与皇后珀涅罗珀团聚的故事。

《荷马史诗》展现了自由主义的自由情景，并为日后希腊人的道德观念，乃至整个西方社会的道德观念，立下了典范。继此而来的，首先是一种追求成就，自我实现的人文伦理观，其次是一种人神同性的自由神学。《荷马史诗》于是成了"希腊的圣经"。

数学最高奖菲尔兹奖

我们知道，诺贝尔设立了物理学、化学、生物学、医学等科学奖金，但没有数学奖。这个遗憾后来由加拿大数学家菲尔兹弥补了。菲尔兹1863年生于加拿大渥太华，在多伦多上大学，而后在美国的约翰·霍普金斯大学得到博士学位。他于1892—1902年游学欧洲，以后重回多伦多大学执教。他在学术上的贡献不如作为一个科研组织者的贡献更大。1924年菲尔兹成功地在多伦多举办国际数学大会ICM。正是在这次大会上，菲尔兹提出把大会结余的经费用来设立国际数学奖。1932年苏黎世大会前夕，菲尔兹去世了。去世前，他立下遗嘱并留下一大笔钱也作为奖金的一部分。为了纪念菲尔兹，这次大会决定设立数学界最高奖——菲尔兹奖。1936年在挪威的奥斯陆举行的ICM大会上，正式开始颁发菲尔兹奖。

古埃及与古巴比伦的数学成果

古埃及的数学成果

非洲东北部的尼罗河流域，孕育了埃及的文化。在公元前3500—前3000年间，这里曾建立了一个统一的帝国。目前我们对古埃及数学的认识，主要源于两份用僧侣文写成的纸草书，其一是成书于公元前1850年左右的莫斯科纸草书，另一份是约成书于公元前1650年的兰德纸草书，又称阿默士纸草书。阿默士纸草书的内容相当丰富，讲述了埃及的乘法和除法、单位分数的用法、试位法、求圆面积问题的解和数学在许多实际问题中的应用。

古埃及人将所有的分数都化成单位分数（分子为1的分数之和），在阿默士纸草书中，有很大一张分数表，把 $\dfrac{2}{2n+1}$ 状分数表示成单位分数之和。

古埃及人已经能解决一些属于一次方程和最简单的二次方程的问题，还有一些关于等差数列、等比数列的初步知识。例如，在兰德纸草书上有一个关于"堆算"的特殊篇章。这部分从本质上来说，包含的是用一元一次方程来解的问题。古代埃及人把未知数称为"堆"，它本来的意思是指数量是未知数的谷物的堆。其中一个方程式这样的："有一堆，它的 2/3 加它的 1/2，加它的 1/7，再加全部共为 33"，用现在的形式写出来就是：

$$x + \frac{2}{3}x + \frac{x}{2} + \frac{x}{7} = 33$$

埃及人还发展了卓越的几何学。有一种观点认为，尼罗河水每年一次的定期泛滥，淹没河流两岸的谷地。大水过后，法老要重新分配土地，长期积累起来的土地测量知识逐渐发展为几何学。古埃及人留下了许多气势宏伟的建筑，其中最突出的是约于公元前 2900 年兴建于下埃及的法老胡夫的金字塔，高达 146.5 米，塔基每边平约宽 230 米，任何一边与此数值相差不超过 0.16 米，正方程度与水平程度的平均误差不超过万分之一。与金字塔媲美的另一建筑群是上埃及的阿蒙神庙。其中卡尔纳克的神庙主殿总面积达 5000 平方米，有 134 根圆柱，中间最高的 12 根高达 21 米。这些宏伟建筑的落成，也离不开几何学知识。

埃及人能够计算简单平面图形的面积，计算出的圆周率为 3.16049；他们还知道如何计算棱锥、圆锥、圆柱体及半球的体积。其中最惊人的成就在于方棱椎平头截体体积的计算，他们给出的计算过程与现代的公式相符。

古巴比伦的数学成果

底格里斯河和幼发拉底河流域，希腊人称之为美索不达米亚，原意为两河之间的地方，统称为两河流域。在历史上两河流域一直是许多城邦以及定居的部族和游牧部族之间竞争角逐的场所。在两河流域的历史上，征服者和被征服者就像走马灯一样来来去去，其情形是极其复杂的。但是，两河流域是个大熔炉，在这里，许多不同的部族都是由竞争角逐而趋于融合，所以各个部族的文化和技术相互融合，从而使这个地区成了西亚的先进地区。

古代巴比伦国家的位置在美索不达米亚最靠近底格里斯河和幼发拉底河河床的地方。巴比伦城位于幼发拉底河河岸上，"巴比伦人"这个名称包括许多同时或先后居住在底格里斯河和幼发拉底河之间及其流域上的一些民族。其中苏美尔人是两河流域古文明的奠基者）。公元 1700 年左右，阿摩利人汉谟拉比王统治时期，文化得到高度的发展，这位君主以制定一部著名的法典而著称（《汉谟拉比法典》），这个时期就是所称的古巴比伦王国。公元前 8 世纪，这个地区为原来住在底格里斯河上游的亚述人所统治。亚述人尚武轻文，在文化方面很少有创造性的贡献，然而，亚述帝国的政治统一却也促进了文化的交流，使古代东方各地的文化得以融于一炉。对两河流域的古文化，亚述人也做过一些保存和整理工作。亚述帝国的最后一个名叫巴尼伯，曾经在尼尼微的宫殿里建了一座图书馆，那里收藏了

楔形文字

2.2 万块刻着楔形文字的泥板。一个世纪以后，亚述帝国为伽勒底人和米太人所灭，在历史上美索不达米亚的这段时期（公元前 7 世纪）通常称为伽勒底时期，也称为新巴比伦帝国。公元前 540 年左右，新巴比伦帝国为居鲁士统治下的波斯人所征服。公元前 330 年，希腊军事领袖亚历山大大帝征服了这个地区。历史中所讲的巴比伦数学也到此为止。

从 19 世纪前期开始，在美索不达米亚工作的考古学家们进行了系统的发掘工作，发现了大约 50 万块刻着文字的泥板，仅仅在古代尼普尔旧址上就挖掘出 5 万块。在巴黎、柏林和伦敦的大博物馆中，在耶鲁大学、哥伦比亚大学和宾夕法尼亚大学的考古展览馆中，都珍藏着许多这类书板，书板有大有小，小的只有几平方英寸，最大的和一般的教科书大小差不多，中心大约有 1.5 英寸厚。有的只是书板的一面有字，有时两面都有字，并且往往在其四边上也刻有字。

在公元前 3500 年以前，苏美尔人就已经发明了文字。苏美尔人用削尖了的芦苇管做笔，把这种文字刻在泥板砖的坯块上，在日光下或火炉上烘

干，这种带有文字的泥板就称为泥板书。因为这种文字是刻在泥板上的，落笔处比较重，收笔处比较纤细，呈尖劈形，所以被称为"楔形文字"。在50万块书板中，约有300块是被鉴定为载有数字表和一大批问题的纯数学书板。直到1935年，由于美国学者诺伊格包尔和法国学者蒂罗·丹金夫人的工作才取得突破。他们解释了一部分数学泥板，由于这些工作还在进行，或许不久的将来还会有新的发现。

古代巴比伦人是具有高度计算技巧的计算家，其计算程序是借助乘法表、倒数表、平方表、立方表等数表来实现的。巴比伦人书写数字的方法更值得我们注意。他们引入了以六十为基底的位值制（六十进制），希腊人、欧洲人直到16世纪还于数学计算和天文学计算中运用这个系统，直至现在六十进制仍被应用于角度、时间等记录上。

尼 罗 河

尼罗河是一条流经非洲东部与北部的河流，与中非地区的刚果河以及西非地区的尼日尔河并列非洲最大的三个河流系统。尼罗河长6 670千米，是世界上最长的河流。它有两条主要的支流，白尼罗河和青尼罗河。发源于埃塞俄比亚高原的青尼罗河是尼罗河下游大多数水和营养的来源，但是白尼罗河则是两条支流中最长的。尼罗河最下游分成许多汊河流注入地中海，这些汊河流都流在三角洲平原上。三角洲面积约24 000平方千米，地势平坦，河渠交织，是古埃及文化的摇篮，也是现代埃及政治、经济和文化中心。

玛雅人的二十进位制

在数学上，除二进位制、八进位制和十进位制外，还有二十进位制。

二十进位制最初是由玛雅人创造的。

玛雅文化形成于2 800年前的墨西哥境内，繁荣于公元前的数百年间，是美洲古代文化中最发达、水平最高，也是世界最著名的文化之一。在数学方面，玛雅人创造了3个符号和二十进位制。

玛雅人创造的3个数学符号分别代表1、5和0。到5以上就用"."和"—"配合使用。在3个数学符号的基础上，他们创造了二十进位制。

与十进位相比较，玛雅数位为个位、20位、400位、8 000位等。

玛雅人在二十进位制的基础上，又创造了加法和减法，这种加减法只要掌握排列次序和进位、借位方法，就可以很快学会。

古希腊的数学成果

数学作为一门独立和理性的学科开始于公元前600年左右的古希腊。古希腊时期是数学史上一个"黄金时期"，在这里产生了众多对数学主流的发展影响深远的人物和成果，泰勒斯、毕达哥拉斯、柏拉图、欧几里得、阿基米德等数学巨匠不胜枚举。

古希腊数学的起源并没有明确的文献记载。最早在希腊和欧洲国家发展的先进文明为米诺斯和后来的迈锡尼文明，这两者都在公元前2 000年间逐渐兴盛。虽然这两个文明具有写作能力和先进的、能够建造具有排水系统和蜂箱墓地的四层高宫殿的工程技术，然而他们并没有留下任何与数学有关的文献。

尽管没有直接的证据证明，但是研究人员普遍认为邻近的巴比伦和埃及文明均对较年轻的古希腊传统产生过影响。公元前800至公元前600年古希腊数学普遍落后于古希腊文学，而且与这段时期的古希腊数学相关的信息非常少，几乎所有流传下来的资料都是在较后期的公元前4世纪中叶才开始被当时的学者记录下来。古希腊数学的发展可分为雅典时期和亚历山大时期两个阶段。

雅典时期

这一时期约在公元前600年到公元前300年，始于泰勒斯为首的伊奥

最完美的发明——数学

尼亚学派，其贡献在于开创了命题的证明，为建立几何的演绎体系迈出了第一步。稍后有毕达哥拉斯领导的学派，这是一个带有神秘色彩的政治、宗教、哲学团体，以"万物皆数"作为信条，将数学理论从具体的事物中抽象出来，予数学以特殊独立的地位。

雅典遗迹

公元前 480 年以后，雅典成为希腊的政治、文化中心，各种学术思想在雅典争奇斗妍，演说和辩论时有所见，在这种气氛下，数学开始从个别学派闭塞的围墙里跳出来，来到更广阔的天地里。

埃利亚学派的芝诺提出 4 个著名的悖论（二分说、追龟说、飞箭静止说、运动场问题），迫使哲学家和数学家深入思考无穷的问题。智人学派提出几何作图的三大问题：化圆为方、倍立方体、三等分任意角。希腊人的兴趣在于从理论上去解决这些问题，是几何学从实际应用向演绎体系靠拢的又一步。正因为三大问题不能用标尺解出，往往使研究者闯入未知的领域中，作出新的发现：圆锥曲线就是最典型的例子；"化圆为方"问题亦导致了圆周率和穷竭法的探讨。

哲学家柏拉图在雅典创办了著名的柏拉图学园，培养了一大批数学家，成为早期毕氏学派和后来长期活跃的亚历山大学派之间联系的纽带。欧多克斯是该学园最著名的人物之一，他创立了同时适用于可通约量及不可通约量的比例理论。柏拉图的学生亚里士多德是形式主义的奠基者，其逻辑思想为日后将几何学整理在严密的逻辑体系之中开辟了道路。

亚历山大时期

这一阶段以公元前 30 年罗马帝国吞并希腊为分界，分为前后两期。时间是公元前 300 年到公元 641 年。

前　期

亚历山大前期出现了希腊数学的黄金时期，代表人物是名垂千古的三

最完美的发明——数学

大几何学家：欧几里得、阿基米德及阿波洛尼乌斯。

欧几里得总结了古典希腊数学，用公理方法整理几何学，写成 13 卷《几何原本》。这部划时代历史巨著的意义在于它树立了用公理法建立起演绎数学体系的最早典范。

阿基米德是古代最伟大的数学家、力学家和机械师。他将实验的经验研究方法和几何学的演绎推理方法有机地结合起来，使力学科学化，既有定性分析，又有定量计算。阿基米德在纯数学领域涉及的范围也很广，其中一项重大贡献是建立多种平面图形面积和旋转体体积的精密求积法，蕴含着微积分的思想。

亚历山大图书馆馆长埃拉托塞尼也是这一时期有名望的学者。阿波洛尼乌斯的《圆锥曲线论》把前辈所得到的圆锥曲线知识，予以严格的系统化，并作出新的贡献，对 17 世纪数学的发展有着巨大的影响。

后　期

亚历山大后期是在罗马人统治下的时期，幸好希腊的文化传统未被破坏，学者还可继续研究，然而已没有前期那种磅礴的气势。这时期出色的数学家有海伦、托勒密、丢番图和帕波斯。丢番图的代数学在希腊数学中独树一帜，帕波斯的工作是前期学者研究成果的总结和补充。之后，希腊数学处于停滞状态。

公元 415 年，女数学家，新柏拉图学派的领袖希帕提娅遭到基督徒的野蛮杀害。她的死标志着希腊文明的衰弱，亚历山大里亚大学有创造力的日子也随之一去不复返了。

公元 529 年，东罗马帝国皇帝查士丁尼下令关闭雅典的学校，严禁研究和传播数学，数学发展再次受到致命的打击。

公元 641 年，阿拉伯人攻占亚历山大里亚城，图书馆再度被焚（第一次是在公元前 46 年），希腊数学悠久灿烂的历史，至此终结。

综上所述，希腊数学的成就是辉煌的，它为人类创造了巨大的精神财富，不论从数量还是从质量来衡量，都是世界上首屈一指的。比希腊数学家取得具体成果更重要的是：希腊数学产生了数学精神，即数学证明的演绎推理方法。数学的抽象化以及自然界依数学方式设计的信念，为数学乃至科学的发展起了至关重要的作用。而由这一精神所产生的理性、确定性、永恒的不可抗拒的规律性等一系列思想，则在人类文化发展史上占据了重要的地位。

希帕提娅

希帕提娅（370—415），希腊化古埃及学者，是当时名重一时、广受欢迎的女性哲学家、数学家、天文学家，她居住在亚历山大港，对该城的知识社群作出了极大贡献。根据后世资料显示，她曾对丢番图的《算术》、阿波洛尼乌斯的《圆锥曲线论》以及托勒密的作品做过评注，但均未留存。从她的学生辛奈西斯写给她的信中，可以看出她的知识背景：她属柏拉图学派——虽然我们只能假设她曾采纳普罗提诺的学说（普罗提纳斯为公元 3 世纪时的柏拉图门人，也是新柏拉图学派的创始人）。另外有少许证据显示，希帕提娅在科学上最知名的贡献，为发明了天体观测仪以及比重计。她最后被狂热的基督徒暴民袭击致死。

人类首次地球测量

公元前 3 世纪，有位古希腊数学家叫埃拉托斯芬。人们公认他是一个罕见的奇才，称赞他在当时所有的知识领域都有重要贡献。

埃拉托斯芬生活在亚历山大城里，在这座城市正南方的 785 千米处，另有一座城市叫塞尼。塞尼城中有一个非常有趣的现象，每年夏至那天的中午 12 点，阳光都能直接射入城中一口枯井的底部。也就是说，每逢夏至那天的正午，太阳就正好悬挂在塞尼城的天顶。

亚历山大城与塞尼城几乎处于同一子午线上。一个夏至日的正午，埃拉托斯芬在城里竖起一根小木棍，动手测量天顶方向与太阳光线之间的夹角，测出这个夹角是 7.2°，等于 360° 的 1/50。

由于太阳离地球非常遥远，可以近似地把阳光看做是彼此平行的光线。于是，根据有关平行线的定理，埃拉托斯芬得出了∠1 等于∠2 的结论。

在几何学里，∠2 这样的角叫做圆心角。根据圆心角定理，圆心角的度数等于它所对的弧的度数，因为∠2＝∠1，它的度数也是 360° 的 1/50，即表示亚历山大城和塞尼城距离的那段圆弧的长度，应该等于圆周长度的 1/50。

于是，根据亚历山大城与塞尼城的实际距离，乘以 50，就算出了地球的周长。埃拉托斯芬的计算结果是：地球的周长为 39 250 千米。与我们现在测定的赤道周长（常作为地球周长）40075.7 千米相差不大。

中国古代的数学成果

起源与早期发展

据《易·系辞》记载："上古结绳而治，后世圣人易之以书契。"在殷墟出土的甲骨文卜辞中有很多记数的文字。从一到十，及百、千、万是专用的记数文字，共有 13 个独立符号，记数用合文书写，其中有十进制的记数法，出现最大的数字为三万。

算筹是中国古代的计算工具，而这种计算方法称为筹算。算筹的产生年代已不可考，但可以肯定的是筹算在春秋时代已很普遍。

用算筹记数，有纵、横两种方式：

表示一个多位数字时，采用十进位值制，各位值的数目从左到右排列，纵横相间（法则是：一纵十横，百立千僵，千、十相望，万、百相当），并以空位表示零。算筹为加、减、乘、除等运算建立起良好的条件。

筹算直到 15 世纪元朝末年才逐渐为珠算所取代，中国古代数学就是在筹算的基础上取得其辉煌成就的。

在几何学方面，《史记·夏本纪》中说夏禹治水时已使用了规、矩、准、绳等做图和测量工具，并早已发现"勾三股四弦五"这个勾股定理的特例。战国时期，齐国人著的《考工记》汇总了当时手工业技术的规范，包含了一些测量的内容，并涉及到一些几何知识，例如角的概念。

战国时期的百家争鸣也促进了数学的发展，一些学派还总结和概括出与数学有关的许多抽象概念。著名的有《墨经》中关于某些几何名词的定义和命题，例如："圆，一中同长也"、"平，同高也"等等。墨家还给出有穷和无穷的定义。《庄子》记载了惠施等人的名家学说和桓团、公孙龙等辩者提出的论题，强调抽象的数学思想，例如"至大无外谓之大一，至小无内谓之小一"、"一尺之棰，日取其半，万世不竭"等。这些许多几何概念的定义、极限思想和其他数学命题是相当可贵的数学思想，但这种重视抽象性和逻辑严密性的新思想未能得到很好的继承和发展。

此外，讲述阴阳八卦，预言吉凶的《易经》已有了组合数学的萌芽，并反映出二进制的思想。

体系的形成与奠基

这一时期包括从秦汉、魏晋、南北朝，共 400 年间的数学发展历史。秦汉是中国古代数学体系的形成时期，为使不断丰富的数学知识系统化、理论化，数学方面的专书陆续出现。

现传中国历史最早的数学专著是 1984 年在湖北江陵张家山出土的成书于西汉初的汉简《算数书》，与其同时出土的一本汉简历谱所记乃吕后二年（公元前 186 年），所以该书的成书年代最晚是公元前 186 年（应该在此前）。

西汉末年（公元前 1 世纪）编纂的《周髀算经》，尽管是谈论盖天说宇宙论的天文学著作，但包含许多数学内容。

魏晋时期中国数学在理论上有了较大的发展。其中赵爽和刘徽的工作被认为是中国古代数学理论体系的开端。三国吴人赵爽是中国古代对数学定理和公式进行证明的最早的数学家之一，对《周髀算经》做了详尽的注释，在《勾股圆方图注》中用几何方法严格证明了勾股定理，他的方法已体现了割补原理的思想。赵爽还提出了用几何方法求解二次方程的新方法。263 年，三国魏人刘徽注释《九章算术》，在《九章算术注》中不仅对原书的方法、公式和定理进行一般的解释和推导，系统地阐述了中国传统数学的理论体系与数学原理，而且在其论述中多有创造。

公元 5 世纪，祖冲之、祖暅父子的工作在这一时期最具代表性，他们在《九章算术》刘徽注的基础上，将传统数学大大向前推进了一步，成为重视数学思维和数学推理的典范。同时代的天文历学家何承天创调日法，以有理分数逼近实数，发展了古代的不定分析与数值逼近算法。

数学教育制度的建立

隋朝大兴土木，客观上促进了数学的发展。唐初王孝通撰《缉古算经》，主要是通过土木工程中计算土方、工程的分工与验收以及仓库和地窖计算等实际问题，讨论如何以几何方式建立三次多项式方程，发展了《九章算术》中的少广、勾股章中开方理论。

隋唐时期是中国封建官僚制度建立时期，随着科举制度与国子监制度的确立，数学教育有了长足的发展。656年国子监设立算学馆，设有算学博士和助教，由太史令李淳风等人编纂注释《算经十书》（包括《周髀算经》《九章算术》《海岛算经》《孙子算经》《张丘建算经》《夏侯阳算经》《缉古算经》《五曹算经》《五经算术》和《缀术》），作为算学馆学生用的课本。对保存古代数学经典起了重要的作用。

由于南北朝时期的一些重大天文发现在隋唐之交开始落实到历法编算中，使唐代历法中出现一些重要的数学成果。公元600年，隋代刘焯在制订《皇极历》时，在世界上最早提出了等间距二次内插公式，这在数学史上是一项杰出的创造，唐代僧一行在其《大衍历》中将其发展为不等间距二次内插公式。

唐朝后期，计算技术有了进一步的改进和普及，出现很多种实用算术书，对于乘除算法力求简捷。

数学发展的高峰

唐朝亡后，五代十国仍是军阀混战的继续，直到北宋王朝统一了中国，农业、手工业、商业迅速繁荣，科学技术突飞猛进。从公元11世纪到14世纪（宋、元两代），筹算数学达到极盛，是中国古代数学空前繁荣，硕果累累的全盛时期。这一时期出现了一批著名的数学家和数学著作，列举如下：贾宪的《黄帝九章算法细草》（11世纪中叶），刘益的《议古根源》（12世纪中叶），秦九韶的《数书九章》（1247），李冶的《测圆海镜》（1248）和《益古演段》（1259），杨辉的《详解九章算法》（1261）、《日用算法》（1262）和《杨辉算法》（1274—1275），朱世杰的《算学启蒙》（1299）和《四元玉鉴》（1303）等等。宋元数学在很多领域都达到了中国古代数学，也是当时世界数学的巅峰。

公元 14 世纪我国人民已使用珠算盘。在现代计算机出现之前，珠算盘是世界上简便而有效的计算工具。

衰落与日用数学的发展

这一时期指 14 世纪中叶明王朝建立到明末的 1582 年。数学除珠算外出现全面衰弱的局面，当中涉及到中算的局限、13 世纪的考试制度中已删减数学内容、明代大兴八段考试制度等复杂的问题，不少中外数学史家仍探讨当中涉及的原因。

明代最大的成就是珠算的普及，出现了许多珠算读本，及至程大位的《直指算法统宗》（1592）问世，珠算理论已成系统，标志着从筹算到珠算转变的完成。但由于珠算流行，筹算几乎绝迹，建立在筹算基础上的古代数学也逐渐失传，数学出现长期停滞。

《墨经》

《墨经》是《墨子》书中的重要部分，约完成于公元前 388 年。《墨经》中有 8 条论述了几何光学知识，它阐述了影、小孔成像、平面镜、凹面镜、凸面镜成像，还说明了焦距和物体成像的关系，这些比古希腊欧几里得的光学记载早百余年。在力学方面的论说也是古代力学的代表作。对力的定义、杠杆、滑轮、轮轴、斜面及物体沉浮、平衡和重心都有论述，而且这些论述大都来自实践。

度量衡制

目前通行于世界的度量衡制，一般采用十进位制，其实追根溯源，它最早起源于我国。

早在公元前221年，秦始皇统一六国，建立了秦朝，他就着手于度量衡的改革和统一，《孙子算经》里载有：

长度单位：1 丈＝10 尺　1 尺＝10 寸　1 寸＝10 分　1 分＝10 厘　1 厘＝10 毫　1 毫＝10 丝　1 丝＝10 忽

容量单位：1 斛＝10 斗　1 斗＝10 升　1 升＝10 合　1 合＝10 抄　1 抄＝10 撮　1 撮＝10 圭　1 圭＝10 粟

但是重量单位没有采用十进位制：1 石＝4 钧　1 钧＝3 斤　1 斤＝16 两　1 两＝24 铢

唐代以后，两以下改为钱，钱以下采用分、厘、毫、丝、忽，都为十进位制。宋代的时候，去掉了石、钧这两个单位，而采用了担，当时规定1 担＝100 斤。在留传下来的度量衡单位中，除1 斤＝16 两外，其余的都采用十进位制。

■■■古印度与古阿拉伯的数学成果

古印度的数学成果

古印度是世界上文化发达最早的地区之一，古印度数学的起源和其他古老民族的数学起源一样，是在生产实际需要的基础上产生的。但是，古印度数学的发展也有一个特殊的因素，便是它的数学和历法一样，是在婆罗门祭礼的影响下得以充分发展的。再加上佛教的交流和贸易的往来，古印度数学和近东，特别是中国的数学便在互相融合，互相促进中前进。另外，古印度数学的发展始终与天文学有密切的关系，数学作品大多刊载于天文学著作中的某些篇章。

约在3 700 年前，哈拉帕文化已开始式微。等到约3 500 年前，雅利安人从中亚进入印度的恒河流域时，这支文化已经消失殆尽。

雅利安人发展了世袭的种姓制度，婆罗门（教士）与武士享有统治权。婆罗门掌管知识，并且不让平民有一丝一毫的教育。为此，他们反对写作，而婆罗门教圣诗吠陀则以口述传承。雅利安人在印度头1 000 年的历史就因文献不足而不清不楚。在数学方面，我们只能从吠陀的经文中看出，他们和别的民族一样，也在天文方面花了一些心思。

公元前 6 世纪，佛教兴起，摒弃了婆罗门教的闭锁性格，于是文学萌芽，历史也开始有了可靠的文献。

公元前 326 年，亚历山大大帝曾经征服了印度的

印度风光

西北部，使得希腊的天文学与三角学传到了印度。紧接着亚历山大大帝之后，孔雀王朝（前 320—前 185 年）兴起，在其阿育王时代（前 272—前 232 年）势力达到顶峰，领土不但包括印度次大陆的大部分，而且远如阿富汗都在其控制之下。阿育王以佛教为国教，每到一重要城市总要立下石柱。从数学的眼光来看，这些石柱让人感兴趣，因为在石柱上我们可以找到印度阿拉伯数字的原形。

从 8 世纪开始印度教兴起，同时回教势力也开始侵入，佛教在两者夹攻之下逐渐式微。到了公元 1200 年左右，佛教在其出生地的印度差不多就完全消失了。这种宗教信仰的变迁，对印度的文化是有非常具大的影响的。印度的数学从此之后就停滞不前了。

16 世纪初，中亚的蒙古人后裔，南下印度，建立了回化的蒙兀儿帝国。到了 19 世纪，英国的势力完全取代了蒙兀儿，成为印度的主宰者。这一段时期，印度虽然有比较统一的局面，但数学方面仍然没有进展。因此 12 世纪的婆什迦罗可以说是印度传统数学的最后一人。直到 20 世纪初，印度数学会成立（1907 年），出版学会杂志（1909 年），而且又产生了数学怪才拉马努詹（1887—1920 年），印度的数学终于渐有起色，而投入了世界数学的发展洪流中。

然而印度的传统数学在算术及代数方面则有相当的成就。这些包括建立完整的十进制记数系统，引进负数的观念及计算，使代数半符号化，提供开方的方法，解二次方程式及一次不定方程式等。

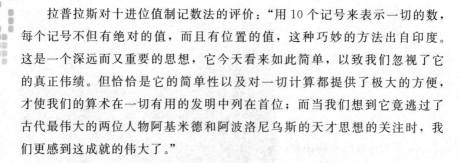

拉普拉斯对十进位值制记数法的评价："用 10 个记号来表示一切的数，每个记号不但有绝对的值，而且有位置的值，这种巧妙的方法出自印度。这是一个深远而又重要的思想，它今天看来如此简单，以致我们忽视了它的真正伟绩。但恰恰是它的简单性以及对一切计算都提供了极大的方便，才使我们的算术在一切有用的发明中列在首位；而当我们想到它竟逃过了古代最伟大的两位人物阿基米德和阿波洛尼乌斯的天才思想的关注时，我们更感到这成就的伟大了。"

古阿拉伯的数学成果

从 9 世纪开始，数学发展的中心转向古阿拉伯和中亚细亚。自从公元 7 世纪初伊斯兰教创立后，很快形成了强大的势力，迅速扩展到阿拉伯半岛以外的广大地区，跨越欧、亚、非三大洲。在这一广大地区内，阿拉伯文是通用的官方文字，这里所叙述的阿拉伯数学，就是指用阿拉伯语研究的数学。

从 8 世纪起，大约有一个到一个半世纪是阿拉伯数学的翻译时期，巴格达成为学术中心，建有科学宫、观象台、图书馆和一个学院。来自各地的学者把希腊、印度和波斯的古典著作大量地译为阿拉伯文。在翻译过程中，许多文献被重新校订、考证和增补，大量的古代数学遗产获得了新生。阿拉伯文明和文化在接受外来文化的基础上，迅速发展起来，直到 15 世纪还充满活力。

三角学在阿拉伯数学中占有重要地位，它的产生与发展和天文学有密切关系。阿拉伯人在印度人和希腊人工作的基础上发展了三角学。他们引进了几种新的三角量，揭示了它们的性质和关系，建立了一些重要的三角恒等式。给出了球面三角形和平面三角形的全部解法，制造了许多较精密的三角函数表。其中著名的数学家有：阿尔·巴塔尼、阿卜尔·维法、阿尔·比鲁尼等。系统而完整地论述三角学的著作是由 13 世纪的学者纳西尔丁完成的，该著作使三角学脱离天文学而成为数学的独立分支，对三角学在欧洲的发展有很大的影响。

现在全世界通用的阿拉伯数字 1、2、3、4、5、6、7、8、9、0。实际上，在这 10 个数字的发展过程中，阿拉伯人主要是采用和改进印度的数字记号和十进位记法，即现行的阿拉伯数字实际上起源于印度。被称之为

"阿拉伯数字"也是一个历史的误会。

大约在公元前 500 年，印度数学因天文、历法学的需要，受我国及近东数学的影响，逐步发展起来。在公元 5 世纪至 12 世纪之间达到古印度数学的全盛时期。公元 628 年的《梵明满手册》中讲解了正负数、零和方程的解法等。阿拉伯人在公元 7 世纪征服了从印度到西班牙的大片土地之后，印度的这种数字记号和十进位方法很快便传给阿拉伯人，他们采用了印度的有理数运算和无理数运算，放弃了负数的运算。并给出了一些特殊的一元二次方程，甚至是三次方程的解。

人体展示的阿拉伯数字 2

公元 825 年，阿拉伯数学家阿尔·花拉子模写了一本名叫《代数学》的数学著作，首次提出了"代数"这一专用名词，并使代数学成为一门独立的学科。特别是他在解二次方程时，比丢番图更前进一步，丢番图只承认二次方程有一个正根，而花拉子模承认有两个根，并且允许无理根的存在。他引入的"称项"、"对消"的方法及命名的"根"一直沿用至今。

阿拉伯人试图用几何方法解释代数问题，用圆锥曲线解三次方程；他们还获得了较精确的圆周率，并精确到 17 位；引入三角函数，制作精密的三角函数表，使平面三角和

人体展示的阿拉伯数字 5

球面三角脱离天文学，独立成为一门学科。

尽管阿拉伯数字并非阿拉伯人所独创，但阿拉伯人吸收、保留了印度数学，翻译并著述了大量数学文献，并将它传给了欧洲，架起了一座世界"数学之桥"。从此，数学进入了一个崭新的发展时期。

知识点

> ## 婆罗门
>
> 　　古代的印度社会洋溢着浓郁的宗教气氛，祭司被人们仰视如神，称为"婆罗门"。"婆罗门"源于"波拉乎曼"（即梵），原意是"祈祷"或"增大的东西"。祈祷的语言具有咒力，咒力增大可以使善人得福，恶人受罚，因此执行祈祷的祭官被称为"婆罗门"。雅利安人相信，藉着苦修、祭祀奉献，这一生就可以得到神的保佑和赐福。婆罗门由于掌握神和人的沟通渠道，所以占据了社会上最崇高的地位。

延伸阅读

阿尔·花拉子模的《代数学》

　　阿尔·花拉子模（约780—约850），今乌兹别克斯坦的花剌子模州著名数学家、天文学家、地理学家。公元830年，他写了一本有关代数的书《移项和集项的科学》，但通常习惯译作《积分和方程计算法》。这本书转成欧文，书名逐渐简化后，就被直接译成了《代数学》，代数学一词即由此书而来。书中阐述了解一次和二次方程的基本方法及二次方根的计算公式，明确提出了代数、已知数、未知数、根、移项、集项、无理数等一系列概念，并载有例题800多道，提供了代数计算方法，把代数学发展成为一门与几何学相提并论的独立学科。此外，印度数码（1～9、0）也藉他著作传入西方，欧洲人称为阿拉伯数字。

近代数学成果

　　17世纪初到20世纪初这一阶段，被称为近代数学时期。对数的产生、牛顿、莱布尼茨的微积分、帕斯卡等人的概率论等都是这一阶段的重要成

果。特别是 19 世纪 20 年代以来，数学发展的主要特征是空前的创造精神和高度的严格精神相结合，这个世纪的数学成果超过以往所有数学成果的总和，其中最典型的成就应当属分析学的严格化；射影几何的复兴及非欧几何的诞生；代数学中群论和非交换代数学的产生；以及公理化运动化的开端等。这些事件具有重大的意义，从某种程度来说它们改变了人类的思维方法，并且最终影响到人们对数学的本性的理解，这些事件也深深地影响了 20 世纪数学的发展趋势。

对数的发明

16 世纪末至 17 世纪初的时候，当时在自然科学领域（特别是天文学）的发展上经常遇到大量精密而又庞大的数值计算，于是数学家们为了寻求化简的计算方法而发明了对数。

德国的史提非（1487—1567）在 1544 年所著的《整数算术》中，写出了两个数列，左边是等比数列（叫原数），右边是一个等差数列（叫原数的代表，或称指数，德文是 Exponent，有代表之意）。

英国的布里格斯在 1624 年创造了常用对数。

1619 年，伦敦斯彼得所著的《新对数》使对数与自然对数更接近（以 $e = 2.71828\cdots$ 为底）。

最早传入我国的对数著作是《比例与对数》，它是由波兰的穆尼斯（1611—1656）和我国的薛凤祚在 17 世纪中叶合编而成的。当时在 $\lg 2 = 0.3010$ 中，2 叫"真数"，0.3010 叫做"假数"，真数与假数对列成表，故称对数表。后来改用"假数"为"对数"。

解析几何的产生

几何学及综合几何式的思考方式是希腊数学的传统。几何学几乎是数学的同义词，数量的研究也包含其中。这种趋势直到 17 世纪上半叶才渐有改变，那时候代数学已较成熟，同时科学发展也逼使几何学寻求更有效的思考工具，更能量化的科学方法。在此双重刺激之下，笛卡儿的解析几何应运而生。

在希腊人的观点中，圆锥曲线就是圆锥被平面割截的截痕，但若死守这种观点，圆锥曲线的性质就甚难推演。阿波罗尼由圆锥截痕的定义导出圆锥曲线中一些几何量所具有的代数关系式，然后以这些关系式为基础再导出其他的性质。这些关系式，经稍微的变形，用现代的观点来看是这样的。

代数学本身尚未完全成熟也使解析几何的想法未能迅速推广开来。那时，负数的观念并不成熟，尤其是，几何的量不能与负数有关，所以许多可以统一处理的情形，都得分成好几种情况，分别处理，而且只有在第一象限才有图形。

微积分的产生与发展

微积分思想的萌芽可以追溯到古希腊时代。公元前 5 世纪，德谟克利特创立原子论，把物体看成由大量的不可分割的微小部分（称为原子）叠合而成，从而求得物体体积。公元前 4 世纪，欧多克索斯建立了确定面积和体积的新方法——穷竭法，从中可以清楚地看出无穷小分析的原理。阿基米德成功地把穷竭法、原子论思想和杠杆原理结合起来，求出抛物线弓形面积和回转锥线体的体积，他的种种方法都孕育了近代积分学的思想。

莱布尼茨

事实上，17 世纪早期不少数学家在微积分学的问题上做了大量的工作，但只停留在某些具体问题的细节之中，他们缺乏对这门科学的普遍性和一般性的认识。微积分学的最终创立要归功于英国数学家牛顿和德国数学家莱布尼茨。

概率论的产生

概率论产生于人类的一种特殊的活动——机会性的游戏，而培育它成长壮大的其他因素却丰富多彩。首先是一门与经济、政治和宗教信仰等有密切关系的关于数据的学问——统计学对概率论发展产生了重大的影响。

正是伯努利具体地指出了概率论可以走出赌桌旁而迈向更广阔的天地这一光辉前景。他的大数定律成为概率论从一系列人们视之为不怎么高尚的赌博问题转向在科学、道德、经济、政治等方面有价值和有意义的应用的一块踏脚石，从而吸引了欧拉、拉格郎日、达朗贝尔、孔多塞、拉普拉斯等一大批数学家投身于其中。

几何学的发展

射影几何学的发展

19世纪，几何学领域首先的一个突出进展是关于射影几何学的研究。

射影几何学讨论平面或空间图形的射影性质。所谓射影性质就是在射影变换下保持不变的几何性质，如三点共线、三线共点等，这些性质如此众多，且各不相同，因此，为了使这繁杂的知识变得有条理，人们常采取建立在定理的推演方法的基础上的分类原则。按照这种分类原则可以区分出"综合"与"分析"两大类方法。综合法就是欧几里得公理化方法，它将学科建立在纯粹的几何基础之上，而与代数及数的连续概念无关，其中的定量都是从一组称为公理或公设的原始例题推导出来的。分析法则是建立在引入数值坐标的基础上，并且应用代数的技巧。这种方法给数学带来了深刻的变化，它将几何、分析和代数统一成为一个有机的体系。

非欧几何的创立

19世纪几何学最重要的成就，应当首推30年代创立的非欧几何。

非欧几何的历史，便开始于努力清除对欧几里得平行公理的怀疑。据说，在欧几里得以后的两千多年的时间里，几乎难以发现一个没有试证过第五公设的大数学家。但是，两千多年来许多数学在这方面的努力都失败了。这是因为：除了他们一直没有找到一个比平行公理更好的假设之外，在他们的每一个所谓"证明"中，都自觉不自觉、或明或暗地引进了一些新的假设，而每个新假设都与第五公设等价：即在某给定的公理的基础上加上第五公设可以推导出这一命题；反之，在此组公理基础上加上这个命题也可以推导出第五公设。所以，在本质上他们并没有证明第五公设，只是在整个公理体系中，把第五公设用等价命题来代替罢了。例如：公元4世纪的普洛克拉斯试图通过把平行于已知直线的线定义为和已知直线有给定固定距离所有点的轨迹的方法，来废除特殊的平行公理，但是他没有意识到，他只是把困难转移到另一个地方罢了，因为，必须证明这样的点的轨迹的确是一条直线，当然证明这一点是困难的。但如果承认这个命题是一个公理，那么容易证明：这个公理和平行公理是等价的。

到 17、18 世纪，许多数学家，如意大利耶稣会教士萨开里、瑞士的兰伯特、法国的分析数学家拉格朗日和勒让德、匈牙利的 W·波尔约等，为了试证平行公设，而改用反证法，即从第五公设不成立的情况着手，追穷它能否得出与已知定理相矛盾的结果。如果得不出，它又会产生怎样的事实。实际上，这样的思想方法，已经开辟了一条通向非欧几何的道路，并且得出了许多耐人寻味的事实。而这些事实正是从第五公设不成立这一假定下推导出来的，这恰恰就是非欧几何学中的定理。

罗巴切夫斯基于 1826 年 2 月在喀山大学数理系的一次会议上提出了关于非欧几何的思想。1829 年，他正式发表了题为《论几何学基础》的论文，以后，他又发表了题为《具有平行的完全理论的几何新基础》等多篇著作，论述他关于平行公设的研讨以及对新创立几何体系的探索。

到了 19 世纪末期，非欧几何逐渐被人们所接受，非欧几何的产生具有极为深远的意义，它把几何学从传统的模型中解放出来，"只有一种可能的几何"这个几千年来根深蒂固的信念动摇了，从而为创造许多不同体系的几何打开了大门。1873 年，一位英国数学家把罗巴切夫斯基的影响比做由哥白尼的日心说所引起的科学革命。希尔伯特也称非欧几何是"这个世纪的最富有建设性和引人注目的成就"。

代数学的发展

群论的产生

群的思想起源于求解高次方程的根的问题。在 18 世纪末和 20 世纪初，代数学中的中心问题之一仍是代数方程的代数解法，这个问题的根本困难在于求一个未知数的 n 次代数方程的解法，可以用系数的加、减、乘、除和开方的有限次运算表示出根的公式，也称根式解法。

19 世纪末期，群论几乎渗入到当时数学的各个领域中去，例如 1872 年，克莱因在他著名的"埃尔朗根纲领"中指出，变换群可用来对几何进行分类；F·克莱因和彭加勒在研究自守函数的过程中曾用到其他类型的无限群；1870 年左右，S·李开始研究连续变换群的概念，并用它们阐明微分方程的解，将微分方程进行分类；在代数中，群作为一个综合的基本结构成为抽象代数在 20 世纪兴起的重要因素；此外，群论在近代物理学中也有重要的应用。

代数的新进展

（1）代数结构。在 19 世纪早期，代数和几何有着相似的经历，人们把代数单纯地看做是符号化的算术，也就是说，在代数中，凡量都可以用字母表示，然后按照对数字的算术运算法则对这些字母进行计算，例如，这些运算法则中最基本的 5 条是：加法交换律、乘法交换律、加法结合律、乘法结合律、乘法在加法上的分配律。而随着伽罗瓦的群的概念的引入，19 世纪中叶的代数在保持上述这种基础的同时，又把它大大地推广了。这时，在代数中还考察比数（自然数、整数、负数等）具有更普遍得多的性质的"数"——元素。比如，上述关于数的 5 条基本性质，也可以看做是其他完全不同的元素体系的性质，也就是说，存在有共同代数结构的公设，并且，逻辑上隐含于这些公设的任何定理，可被用于满足这 5 条基本性质的任何元素来解释。从这个观点上说，代数不再束缚于算术上，代数就成了纯形式的演绎研究。

（2）向量。19 世纪后期，复数成为研究平面向量的有效工具。但是，复数只能表示平面向量，而物理学中处理的量涉及的总是三维空间向量。因此，迫切需要一种能处理空间向量的数学理论。四元数的诞生自然引起了很大的反响，数学物理家们从四元数中找到了处理空间向量的数学理论，因为四元数中含有三维向量的标准研究式 $xi + yj + zk$。但是，在哈密顿那里，向量只是四元数的部分，而不是作为独立的数学实体处理的。从四元数到向量需要迈出主要一步是把向量从四元数中独立出来。电磁理论的发明者，伟大的英国数学物理学家之一麦克斯韦（1831—1879）在区分出哈密顿的四元数的数量部分和向量部分的方向上迈出了第一步。其后，在 19 世纪 80 年代初期由数学物理学家吉布斯（1839—1903）和希维赛德（1850—1925）各自独立地开创了一个独立于四元数的新课题——三维向量分析。

（3）矩阵。矩阵理论是英国数学家凯莱创造的。他是在研究线性变换下的不变问题时，为简化记号引入矩阵概念的。凯莱定义了两个矩阵相等、两个矩阵的乘法、矩阵的加法。在所得到的矩阵代数中，可以证明：乘法不满足交换律。

总之，正像非欧几何的创立为新几何学的创立开辟了道路一样。四元数、超复数、向量、矩阵等新的代数体系的出现，也成为代数学上的一次革命。它们首先把数学家们从传统的观念中解放出来，并为新的代数学——现代抽象代数学的创立打开了大门。

分析学的发展

微积分的严格化

自17世纪中叶微积分建立以后，分析学各个分支像雨后春笋般迅速发展起来，其内容的丰富，应用的广泛使人应接不暇。它的高速发展，使人们无暇顾及它的理论基础的严密性，因而也遭到了种种非难。到19世纪初，许多迫切的问题得到了基本解决。大批数学家又转向了微积分基础的研究工作。以极限理论为基础的微积分体系的建立是19世纪数学中最重要的成就之一。

微积分中，这种缺乏牢固的理论基础和任意使用发散级数的状况，被当时一些数学家认为是数学的耻辱。这些问题，虽然经过了整整一个半世纪的修正和改进，仍未得到完满的解决。但是人们已经从正反两方面积累了丰富的材料，为解决这些问题准备了条件。从19世纪20年代起，经过许多数学家的努力，到19世纪末，微积分的理论基础基本形成。在这方面作出突出贡献的主要有数学家波尔查诺、柯西、魏尔斯特拉斯等。

集合论的建立

在分析学的重建运动中，德国数学家康托尔开始探讨了前人从未碰过的实数点集，这是集合论研究的开端。到1874年康托尔开始一般地提出"集合"的概念。他对集合所下的定义是：把若干确定的有区别的（不论是具体的或抽象的）事物合并起来，看做一个整体，就称为一个集合，其中各事物称为该集合的元素。人们把康托尔于1873年12月7日给戴德金的信中最早提出集合论思想的那一天定为集合论诞生日。

随着岁月的流逝，集合论日臻完善，并且以其巨大的生命力展现在人们面前。集合论的诞生被誉为是数学史上一件具有革命性意义的事件，英国哲学家罗素把康托尔的工作称为"可能是这个时代所能夸耀的最巨大的成就"。康托尔生前曾充满自信地说："我的理论犹如磐石一般坚固，任何反对它的人到头来都将搬起石头砸自己的脚……"历史的事实证实了这一点，康托尔和它的集合论最终获得了世界的承认，至今享有极高的声誉，它已经深入到数学的每一个角落。正如大数学家希尔伯特所指出的那样："没有人能把我们从康托尔所创造的乐园里赶走！"

公理化运动

概括地说，公理观点可以叙述如下：在演绎系统中，为了证明一个定理，就必须证明这个定理是某些以前已经证明过的命题的必然的逻辑推论，而这些命题本身又必须用其他命题来证明，等等。这个过程不可能是无限的，因此，必须有少数不定义的术语和公认成立而不要求证明的命题（称为公理或公设），从这些公理出发，我们可以试图通过纯逻辑的推理来导出所有其他的定理。如果科学领域的事实，有这样的逻辑顺序，那么就说这个领域是按公理形式表示了。

算术的公理化

对于分析、几何等分支的基础问题的进一步探讨，使得数学家们关心起算术的基础。然而，直到19世纪末，算术中一些最基本的概念，如：什么是数？什么是0？什么是1？什么是自然数的运算等，却很少有人解释过。

初等几何的公理化

自从欧几里得时代以来，几何学就成为公理化学科的典范，很多世纪，欧几里得体系是被集中研究的对象。但是在19世纪后期，数学家们才明白：如果一切初等几何都要从欧氏系统推演出来，那么欧氏公理必须加以修改和补充。

其他数学对象的公理化

公理化的思想风靡于世，它日益渗透到每一个领域中去。例如，在19

世纪初解代数方程而引进的群及域的概念，在当时都是十分具体的，如置换群。只有到 19 世纪后半叶，才逐步有了抽象群的概念并用公理刻画它，群的公理由 4 条组成，即封闭性公理，两个元素相加（或相乘）仍对应唯一的元素；运算满足结合律；有零元及逆元素存在，等等。公理化的思想深深地影响着现代数学的发展。20 世纪初的数学发展的趋势之一就是数学分支的公理化。例如 1933 年，前苏联数学家柯尔莫戈洛夫在他的《概率论基础》一书中给出了一套严密的概念论公理体系。特别应当指出的是：公理化运动最大的成果之一是它已经创立了一门新学科——数理逻辑。

知识点

柯　西

　　柯西（1789—1857），出生于巴黎。他在纯数学和应用数学领域的功力相当深厚，在数学写作上，他是被认为在数量上仅次于欧拉的人，他一生一共著作了 789 篇论文和几本书，其中不乏经典之作，不过有一些质量不高，因此受到批评。他是数理弹性理论的奠基人之一。他在数学中的贡献如下。分析方面：在一阶偏微分方程论中行进了特征线的基本概念，认识到傅立叶变换在解微分方程中的作用等等。几何方面：开创了积分几何，得到了把平面凸曲线的长用它在平面直线上一些正交投影表示出来的公式。代数方面：首先证明了阶数超过了的矩阵有特征值；与比内同时发现两行列式相乘的公式，首先明确提出置换群概念，并得到群论中的一些非平凡的结果；独立发现了所谓"代数要领"，即格拉斯曼的外代数原理。

莱布尼茨的《中国近况》

　　莱布尼茨对中国的科学、文化和哲学思想十分关注，他向耶稣会来华传教士格里马尔迪了解到了许多有关中国的情况，包括养蚕、纺织、造纸、印染、冶金、矿产、天文、地理、数学、文字等等，并将这些资料编辑成《中国近况》一书出版，他在绪论中写道："全人类最伟大的文化和最发达的文明仿佛今天汇集在我们大陆的两端，即汇集在欧洲和位于地球另一端的东方的欧洲——中国。""在日常生活以及经验地应付自然的技能方面，我们是不分伯仲的。我们双方各自都具备通过相互交流使对方受益的技能。在思考的缜密和理性的思辨方面，显然我们要略胜一筹"，但"在时间哲学，即在生活与人类实际方面的伦理以及治国学说方面，我们实在是相形见绌了"。

莱布尼茨不仅显示出了不带"欧洲中心论"色彩的虚心好学精神，而且为中西文化双向交流描绘了宏伟的蓝图，极力推动这种交流向纵深发展，使东西方人民相互学习，取长补短，共同繁荣进步。

现代数学成果

"现代数学"一词已为人们所常用，但现代数学时期却很难用一个确定的年代作为开始的时间，一般来讲，是从20世纪初开始的。现在，20世纪已经结束，它留给人们一笔丰富的数学财产。这个世纪数学发展速度之快、范围之广、成就之大，远远超出人们的预料，数学的发展在改变着人们对数学的认识。数学本身也在不断分化出更多的二级、三级，甚至更细小的学科和思想，而在不同的学科之间，几乎没有共同的语言。在这里我们所能给出的，仅仅是极为粗略的概述。

集合论悖论与数学基础的研究

康托尔的集合论与数学的关系从来没有顺利过。1900年左右，正当康托尔的思想逐渐被人接受时，一系列完全没有想到的逻辑矛盾，在集合论里的边缘被发现了。开始，人们并不直接称之为矛盾，而是只把它们看成数学中的奇特现象。人们认为，集合的概念结构的组成还没有达到十分令人满意的程度，只需对基本定义修改，一切事情都会好起来。

在有限集合中，推理有效的逻辑法则的一个特殊例子是排中律，布劳威尔反对把它应用于无限集中。支撑这个法则的假设是每一个数学陈述都可以判断是真或假，而不依赖于我们用于判断真值的方法。对布劳威尔来说，纯粹地假设的真值是一个错误。只有一个自明的构造通过有限步骤建立起来时，才可以说断定一个给定的数学陈述是真的。因为并不能预先保证能够找到这样的一个构造。所以我们就无权假设有一个陈述要么是真的，要么是假的。例如：布劳威尔问："在 π 的小数表达式中有 10 个连续的数字形成 0123456789 的形式，这个陈述是真还是假？"因为这显然需要我们判定在 π 中有 0123456789 形式，或者证明没有这样的形式，但是因为 π 是一无穷小数，也就不存在作出这个决定的方法，所以人们就不能应用排中律说这个陈述是真或假的。另一方面，从直觉主义者的立场来说，断言或是素数或是合数，而不必说二者之一成立。因为有一种方法（如果不怕麻烦去应用它的话），也就是一个有效法则能够决定两者之一哪个是正确的。

抛弃排中律和抛弃以此为根据的非构造的存在性证明，对希尔伯特来说是过于激进的一步，以至于不能接受。他说："禁止数学家用排中律，就像禁止天文学家用望远镜或拳击者用拳一样。"对他来说，布劳威尔不会赞同证明传统数学是相容的能够恢复数学的意义的主张。这样他写道："用这种方式不会得到任何有数学价值的东西，没有被悖论制止的一个假的理论仍然是假的。就像一个没有被法庭禁止的犯罪行为仍然是犯罪一样。"

纯数学的发展

20 世纪初，除了围绕惊心动魄的关于数学基础所展开的争论之外，由 19 世纪 70 年代以来发展起来的数学的抽象化和公理化的趋势一直受人重视，人们已经意识到抽象理论几乎具有囊括一切的本领。建立起这样的抽象理论成为许多数学家的奋斗目标，而这些人又影响到他们的弟子以及以后几代数学家，使得他们不但非常重视数学的公理化、严密性和抽象性，而且倾向于将这些特性永远看做数学的本质。在 20 世纪产生的众多的纯粹数学中，最具有代表性的应当属拓扑学、泛函分析和抽象代数学。这三门学科可以说是现代数学的三大理论支柱。20 世纪，围绕着这三个领域产生了形形色色的数学分支，时至今日，人们似乎形成了这样的一个观念，一个人不能阅读用拓扑、泛函分析和抽象代数的语言写成的书籍，就不能自认为真正掌握了现代数学知识。下面简略介绍这三门学科的历史。

拓扑学

有关拓扑学的某些问题可以追溯到 17 世纪，1679 年莱布尼茨发表了《几何特性》一文，试图阐述几何图形的基本几何特点，采用特别的符号来表示它们，并对它们进行运算来产生新的性质。莱布尼茨把他的研究叫做位置分析或位置几何学，并另外宣称应建立一门能直接表示位置的真正几何的学问，这是拓扑的先声。

泛函分析

泛函分析有两个源头。第一个源头是变分法。早在 17 世纪末 18 世纪初，约翰·伯努利关于最速降线的工作就可以看成是泛函数研究的开端。泛函的抽象理论开始于意大利数学家沃尔泰拉（1860—1940）关于变分法的工作，他研究所谓"线的函数"时指出：每一个线的函数是一个实值函数 F，它的值取决于定义在某个区间 $[a，b]$ 上的函数 $y(x)$ 的全体。全体 $y(x)$ 被看做一个空间，每个 $y(x)$ 看作空间中的一个点。对于 $y(x)$ 的函数 $J(y)$，沃尔泰拉曾引进连续、微商和微分的定义。法国数学家阿·达马首先称这种函数的函数 $J(y)$ 为"泛函"，而阿·达马的学生莱维则给泛函的分析性质的研究冠上了泛函分析的名称。

抽象代数学

抽象代数是 20 世纪初期的数学中最伟大的成果之一，它的产生可以追溯到 19 世纪。在 19 世纪，代数学中发生了几次革命性的变革最终促进了抽象代数学的产生，首先是由于阿贝尔和伽罗瓦等人的工作结束了代数学中以解方程为主的时代，并促使人们对于代数学所研究的对象采取一种更为抽象的形式，并且，他们的工作也是后来抽象群论的第一个来源。

自 19 世纪以来，引起代数的变革并最终导致抽象代数学产生的工作还有许多，这些工作大致可以分属于群论、代数理论和线性代数这三个主要方面。到 19 世纪末期，数学家们从许多分散出现的具体研究对象抽象出它们的共同特征来进行公理化研究，完成了来自上述三个方面工作的综合，至此可以说，代数学已发展成为抽象代数学。近代一些德国数学家对这一综合的工作起到主要作用，自 19 世纪末戴德金和希尔伯特的工作开始，在

韦伯（1842—1913）的巨著《代数教程》的影响下，施泰尼茨（1871—1928）于1911年发表了重要论文《域的代数理论》，对抽象代数学的建立贡献很大。

应用数学的发展

20世纪现代数学变得抽象化的同时，数学应用的范围也变得更加广泛了。数学不仅仅应用于天文、物理、力学等传统的领域，而且涉及到了人们以往认为的与数学的相互关系不大的生物、地理、化学等领域。今天，可以说几乎所有的科学领域都渗入了数学的概念和方法，而数学本身由于在这些学科上的应用也不断地丰富起来，数理统计学和生物数学的兴起和发展充分说明了这一点。

与数理统计学的兴起和发展相互推动的是另一门应用学科——生物数学的兴起。以往生物学的研究工作大多停留在描述生命现象和定性研究的阶段，对数学的需求自然显得不太迫切，许多人对于"生物学的研究中究竟能用到多少数学知识"这个问题持消极态度，但事实证明生物学的深入研究必然会遇到大量数学问题。生物界现象的复杂程度远远超过物理现象和化学现象。特别是在定量研究方面更加困难，因此，进行研究所使用数学工具必然多样化。如基因的地理分布、种群的年龄分布、森林病毒的蔓延等等。这些问题的研究都要涉及到种群大小的计算、估计和预测，这是概率论的基本内容。沃尔泰拉模型中用的微分方程、进化论和试验设计发展了数理统计学，遗传结构离不开抽象代数等等。这些都是数学与生物学相互结合的典型事例。到现在为止，生物数学已经有了生物统计、生物微分方程、生物系统分析、生物控制、运筹、对策等分支。有人预言："21世纪可能是生物数学的黄金时代。"

应用数学最迅猛的发展开始于20世纪40年代。第二次世界大战期间反法西斯战争的需要，以及战后经济发展的需要等大大促进了该学科的发展。例如：计算机的出现，使计算数学迅猛发展。一些由于计算量过大而搁置不用的应用方法，这时获得了新的实用价值。线性规划、动态规划、优选法等最优化理论迅速成长起来。应用数学有了电子计算机，如虎添翼，20世纪初期强调抽象理论的趋势至此有了新的变化。

20 世纪 60 年代以后的数学

20 世纪 60 年代以后，数学理论更加抽象。这个时期，除了某些重大的传统科目，如集合论、代数、拓扑、泛函分析、概率论、数论等等学科有许多重大的进展外，还有许多新兴的分支出现，其中，最引人注目是：非标准分析、模糊数学、突破理论。此外，由于电子计算机的广泛应用，使得数学发展的趋势又有了新变化。

非标准分析

在牛顿—莱布尼茨时代，微积分的基础理论是不严格的。那时，牛顿、莱布尼茨的无穷小游移不定——有时被认为是 0，有时被认为不是 0，他们自己也不能自圆其说，因此，遭到了很多的批评，直到 19 世纪，才由柯西、波尔查诺、魏尔斯特拉斯等人把微积分的理论建立在严格的极限理论基础上。从此，分析中的无穷小量和无穷大量作为数就再也不存在了，偶而提到，也只是"某变量趋于无穷大"之类的句子，只不过是习惯性的说法而已。但是，1960 年秋，罗宾逊（1918—1974）在普林斯顿大学的一次报告中却指出，利用新的方法可以使分析学中久已废黜的"无穷小"、"无穷大"的概念重新纳于合法的地位。1961 年在《荷兰科学院报告》上刊登了罗宾逊的题为"非标准分析"的文章，表明这一新分支已经形成。

模糊数学

经典集合论已经成为现代数学的基础。在经典集合论中，当确定一个元素是否属于某集合时，只能有两种回答："是"或者"不是"，它只能表示出现实事物的"非此即彼"状态，然而在现实生活中，却有着大量的"亦此亦彼"的模糊现象，比如"高个子"、"年轻人"、"漂亮的人"等一些更复杂的情况，这样一类问题以经典集合论为基础的数学就不能处理。为了解决这类矛盾，1965 年，美国加利福尼亚州立大学的扎德（Zadeh，L. A，1921—）发表了论文《模糊集合》，其中，他提出了一种崭新的数学思想。他引进了"隶属度"的概念。

此后，在电子计算机的配合下，形成了一个数学的新分支——模糊数学，并且很快应用到各个领域中去。

突变理论

如果说微积分的主要研究对象是连续变化的现象，那么突变理论的基本思想则是运用拓扑学、奇点理论和结构稳定性等数学工具描述客观世界各种形态、结构的突然性变化，如火山爆发、胚胎变异、神经错乱、市场崩溃等一系列不连续的变化现象。

但是，突变理论产生的时间毕竟很短，它的理论还远不够完善，对它也还存在着不同的意见和看法，因此，现在对它做出更准确的评价，似乎为时尚早。

电子计算机对数学发展的影响

20 世纪科学技术的卓越成就之一是电子计算机的产生。自从 1944 年第一台计算机问世以来，计算机已经深深地影响到整个人类的生活，包括数学在内，人们普遍认为，电子计算机的出现标志着一个新时代——信息时代的到来。

自欧几里得时代以来，几何学一直是基础数学的一个主要支柱，由于 20 世纪中期的新数学运动的影响，几何学经历了几十年衰退，但是到了 70 年代，数学中的几何学观念又开始复兴，这主要靠的是新理论工具的开发和计算机图像显示的威力，客观地说，几何学在数学上又在起着核心作用，就如同在古希腊时代一样。举例来说，在 1986 年的 3 名菲尔兹奖获得者中，几何学占了 2 名，这是为了奖励迈克尔·弗里德曼和西蒙·唐纳森在四维流形几何方面的贡献。

计算机绘图为把几何学技术推广到其他数学领域提供了新的有效手段。开始相互合作，最近在美国明尼苏达大学进行的几何学大型计算的研究项目就是一个例子。

对非线性问题（如流体的紊流）的数学的分析只是在最近一些年才能进行，这是因为新的解析法、巧妙的数值模拟和计算机图像显示，使这类问题的解决已成为可能。应用范围从机翼剖面的设计到等离子体物理学，从油料回收到燃烧过程的研究等。

 知识点

康 托 尔

　　康托尔 1845 年生于俄国彼得堡一个犹太商人的家庭。1856 年全家迁居德国法兰克福。康托尔 29 岁时在《数学杂志》上发表了关于集合论的一篇论文，提出了"无穷集合"这个数学概念，引起了数学界的极大关注，他试图把不同的无穷离散点集和无穷连续点集按某种方式加以区分，他还构造了实变函数论中著名的"康托尔集"、"康托尔序列"。1874 年证明了代数数集和有理数集的可数性和实数集的不可数性，建立了实数连续性公理，被称为"康托尔公理"。

　　康托尔的工作给数学发展带来了一场革命。由于他的理论超越直观，所以曾受到当时一些大数学家的反对，但他仍充满信心地指出："我的理论犹如磐石一般坚固，任何反对它的人都将搬起石头砸自己的脚。"由于经常处于精神压抑之中，致使他 1884 年患上精神分裂症，最后死于精神病院。

 延伸阅读

拓 扑 学

　　拓扑学，起初是几何学的一支，研究几何图形在连续变形下保持不变的性质。拓扑学起初被莱布尼茨称为形势分析学。拓扑学这个词是德国数学家利斯廷在 1847 年提出的。

　　1851 年起，黎曼在复函数的研究中提出了黎曼面的几何概念，并且强调，为了研究函数、研究积分，就必须研究形势分析学。从此开始了拓扑学的系统研究。

　　组合拓扑学的奠基人是彭加勒。他引进了许多不变量：基本群、同调、贝蒂数、挠系数，他探讨了三维流形的拓扑分类问题，提出了著名的彭加

勒猜想。他留下的丰富思想影响深远，但他的方法有时不够严密，过多地依赖几何直观。

拓扑学的另一渊源是分析学的严密化。康托尔从1873年起系统地展开了欧氏空间中的点集的研究，得出许多拓扑概念，如聚点（极限点）、开集、闭集、稠密性、连通性等。

在现代数理经济学中，对于经济的数学模型，均衡的存在性、性质、计算等根本问题都离不开代数拓扑学、微分拓扑学。在系统理论、对策论、规划论、网络论中拓扑学也都有重要应用。

除了通过各数学分支的间接的影响外，拓扑学的概念和方法对物理学（如液晶结构缺陷的分类）、化学（如分子的拓扑构形）、生物学（如DNA的环绕、拓扑异构酶）都有直接的应用。

常用数学符号的发明

"＋""－""×""÷"符号

古希腊的丢番图以两数并列表示相加，亦以一斜线"／"及曲线"ɔ"分别做加号和减号使用。古印度人一般不用加号，只有在公元3世纪的巴赫沙里残简中以"yu"做加及"＋"做减。

14世纪至16世纪欧洲文艺复兴时期，欧洲人用过拉丁文plus（相加）的第一个字母"P"代表加号，比如"3P5"代表"3＋5"的意思；用拉丁文minus（相减）的第一个字母"m"代表减号，比如"5m3"代表"5－3"的意思。

中世纪以后，欧洲商业逐渐发展起来。传说当时卖酒的人，用线条"－"记录酒桶里的酒卖了多少。在把新酒灌入大桶时，就将线条"－"勾销变成为"＋"号，灌回多少酒就勾销多少条。商人在装货的箱子上画一个"＋"号表示超重，画一个"－"号表示重量不足。久而久之，符号"＋"给人以相加的形象，"－"号给人以相减的形象。

当时德国有个数学家叫魏德曼，他非常勤奋好学，整天废寝忘食地搞计算，很想引入一种表示加减运算的符号。魏德曼巧妙地借用了当时商业中流行的"＋"和"－"号。1489 年，在他的著作《简算和速算》一书中写道：

在横线"－"上添加一条竖线来表示相加的意思，把符号"＋"叫做加号；从加号里拿掉一条竖线表示相减的意思，把符号"－"叫做减号。

法国数学家韦达对魏德曼采用的加号、减号的记法很感兴趣，在计算中经常使用这两个符号。所以在 1630 年以后，"＋"和"－"号在计算中已经是屡见不鲜了。

此外，英国首个使用这两符号（1557）的是雷科德，而荷兰则于 1637 年引入这两符号，同时亦传入其他欧洲大陆国家，后渐流行于全世界。

乘号"×"曾经用过十几种，现在通用两种。一个是"×"，最早是英国数学家奥屈特 1631 年提出的；一个是"·"，最早是英国数学家赫锐奥特首创的。德国数学家莱布尼茨认为："×"号像拉丁字母"X"，加以反对，而赞成用"·"号。他自己还提出用"n"表示相乘。可

数学符号

是这个符号现在应用到集合论中去了。到了 18 世纪，美国数学家欧德莱确定，把"×"作为乘号。他认为"×"是"＋"斜起来写，是另一种表示增加的符号。

除号"÷"称为雷恩记号，是瑞士人雷恩于 1659 年出版的一本代数书中引用为除号。至 1668 年，他这本书之英译版面世，这记号亦得以流行，沿用至今。此外，莱布尼茨于他的一篇论文《组合的艺术》内首以冒号":"表示除，后亦渐通用，至今仍采用。

"＝""＞""＜"符号

1557 年，数学家雷科德在他的《智慧的激励》一书中，首先把"＝"作为等号，他说："最相像的两件东西是两条平行线，所以这两条线应该用来表示相等。"他的书《智慧的激励》也因此引起了人们极大的兴趣。

在数学中，等号"＝"既可表示两个数相等，也可以表示两个式子相

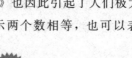

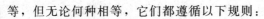

等，但无论何种相等，它们都遵循以下规则：

(1) 若 $a=b$，那么对于任何数 c，有 $a\pm c=b\pm c$；

(2) 若 $a=b$，那么 $b=a$；

(3) 若 $a=b$，$b=c$，那么 $a=c$；

(4) 若 $a=b$，那么对于任何数 c，有 $ac=bc$。

为了寻求一套表示"大于"或"小于"的符号，数学家们绞尽了脑汁。

1629 年，法国数学家日腊尔在他的《代数教程》中，用象征的符号"ff"表示"大于"，用符号"$\S$"表示"小于"。例如，A 大于 B 记作："$AffB$"，A 小于 B 记作"$A\S B$"。

1631 年，英国数学家哈里奥特首先创用符号"＞"表示"大于"，"＜"表示"小于"，这就是现在通用的大于号和小于号。例如 $5>3$，$-2<0$，$a>b$，$m<n$。

1634 年，法国数学家厄里贡在他写的《数学教程》里，引用了很不简便的符号，表示不等关系，例如：

$a>b$ 用符号"$a3\mid 2b$"表示；

$b<a$ 用符号"$62\mid 3a$"表示。

因为这些不等号书写起来十分繁琐，很快就被淘汰了。只有哈里奥特创用的"＞"和"＜"符号，在数学中广为传用。后来又以"≠""$\ngtr$""$\nless$"来表示为等于、大于和小于的否定号。

小数符号

我国是最早采用小数的国家。早于 3 世纪，三国时期魏国人数学家刘徽注《九章算术》的时候，已指出在开方不尽的情况下，可以十进分数（小数）表示。在元朝刘瑾（约 1300 年）所著的《律吕成书》中更把现今的 106368.6312 之小数部分降低一行来记，可谓是世界最早之小数表达法。

除我国外，较早采用小数的便是阿拉伯人卡西。他以十进分数（小数）计算出 π 的 17 位有效数值。

至于欧洲，法国人佩洛斯于 1492 年，首次在他出版之算术书中以点"."表示小数。但他的原意是：两数相除时，若除数为 10 的倍数，如 $123456\div 600$，先以点把末两位数分开再除以 6，即 $1234.56\div 6$，这样虽是为了方便除法，不过已确有小数之意。

到了 1585 年，比利时人斯蒂文首次明确地阐述小数的理论，他把 32.57 记作 3257⓪①② 或 32⓪5①7②。而首个如现代般明确地以"."表示小数的人则是德国人克拉维乌斯。他于 1593 年在自己的数学著作中以 46.5 表示 $46\frac{1}{2}=46\frac{5}{10}$。这表示法很快就为人所接受，但具体之用法还有很大差别。如 1603 年德国天文学家拜尔以 8$\overset{\cdot}{7}$98 表示现在的 8.00798，以 14.3$\overset{\text{viii}}{7}$61 表示现在的 14.00003761，以 123.$\overset{i}{4}$.$\overset{ii}{5}$.$\overset{iii}{9}$.$\overset{iv}{8}$.$\overset{v}{7}$.$\overset{vi}{2}$ 或 123.4$\overset{iii}{5}$9.8$\overset{vi}{7}$2 表示 123.459872。

苏格兰数学家纳皮尔于 1617 年更明确地采用现代小数符号，如以 25.803 表示 $25\frac{803}{1000}$，后来这用法日渐普遍。40 年后，荷兰人斯霍滕明确地以","（逗号）做小数点。他分别记 58.5 及 638.32 为 58，5① 及 638，32②，及后除掉表示的最后之位数①、②等，且日渐通用，而其他用法也一直有用。直至 19 世纪未，还有以 2′5，2″5，2ᶜ5，2ᴸ5，2▲5，2.5，2,5，等表示 2.5。

现代小数点的使用大体可分为欧洲大陆派（德、法、前苏等国）及英美派两大派系。前者以","做小数点，"."做乘号；后者以"."做小数点，以","做分节号（三位为一节）。大陆派不用分节号。我国向来采用英美派记法，但近年已不用分节号了。

零 号

零是位值制记数法的产物。我们现在使用的印度－阿拉伯数字，就是用十进制值制记数法的了。例如要表示 203，2300 这样的数，没有零号的话，便无法表达出来，因此零号有显著的用途。

世界上最早采用十进制值制记数法的是中国人，但是长期没有采用专门表示零的符号，这是由于中国语言文字上的特点。除了个位数外，还有十、百、千、万位数等。因此 230 可说成"二百三"（三前常加"有"），意思十分明确，而 203 可说成"二百零三"，这里的"零"是"零头"的意思，这就更不怕混淆了。

除此之外，由于古代中国很早（不晚于公元前 5 世纪）就普遍地采用算筹作为基本的计算工具。在筹算数字中，是以空位来表示零的。由于中国数字是一字一音、一字一格的，从一到九的数字亦是一数一字，所以在书写的时候，一格代表一个数，一个空格即代表一个零，两个空格即代表两个零，十分明确。

	1	2	3	4	5	6	7	8	9
纵式	丨	丨丨	丨丨丨	丨丨丨丨	丨丨丨丨丨	丅	丅丨	丅丨丨	丅丨丨丨
横式	一	二	三	亖	亖一	⊥	⊥一	⊥二	⊥三

我国古代把竹筹摆成不同的形状，表示一到九的数字。

记数的方法是个位用纵式，十位用横式，百位用纵式，千位用横式，依此类推。用上面 9 个数字纵横相间排列，能够表示出任意一个数。

例如"123"这个数可摆成：丨二川。但是，"206"这个数，就不能摆成：丨丨丅，这样就是"26"了。这时必须在中间空一位，摆成：丨丨 丅。这里的空位，就是产生 0 的萌芽。

公元前 4 世纪时，人们用在筹算盘上留下空位的办法来表示零。不过这仅仅是一个空位而已，并没有什么实在的符号，容易使人产生误解。后来人们就用"空"字代替空位，如把 206 摆成：丨丨空丅。然而用空字代表零，在数字运算中，和纵横相间的算筹交织在一起，很不协调，于是又用"□"表示零。例如南宋蔡沈著的《律吕新书》中，曾把 104976 记作"十□四千九百七十六"。用"□"表示零，标志着用符号表示零的新阶段。

但他们常用的行书，很容易把方块画成圆圈，所以后来便以〇来表示零，而且逐渐成了定例。这种记数法最早在金《大明历》（1180）中已采用，例如以"四百〇三"表示 403，后渐通用。

但是，中国古代的零是圆圈〇，并不是现代常用的扁圆 0。希腊的托勒密是最早采用这种扁圆 0 号的人，由于古希腊数字是没有位值制的，因此零并不是十分迫切的需要，但当时用于角度上的 60 进位制（源自巴比伦人，沿用至今），很明确地以扁圆 0 号表示空位。后来印度人的"0"号，可能是受其影响。

在印度，也是很早就已使用十进制记数法。他们最初也是用空格来表示空位，如 3 7 即是 307，但这方法在表达上并不明确，因此他们便以小点以表示空位，如 3.7，即是 307。在公元 876 年，在格温特（印度城市）地方的一个石碑上，发现了最早以扁圆 0 作为零号的记载。印度人是首先把零作为一个数字使用的。后来，印度数字传入阿拉伯，并发展现今我们所用的印度－阿拉伯数字，而在 1202 年，意大利数学家斐波那契把这种数字（包括 0）传入欧洲，并逐渐流行于全世界。印度－阿拉伯数字（包括 0）在中国的普遍使用是 20 世纪的事了。此外，其他古代民族对零的认识及零的符号也作出了一定的贡献。如巴比伦人创作了 60 进位值制记数法。并在公元前 2 世纪已采用 ⌐ 作为零号。而美洲玛雅人亦于公元前创立了 20 进位值制记数法，并以 ⊕ 作为零号。

对数符号

15、16 世纪，天文学处于科学的前沿，许多学科在它的带动下发展。1471 年，德国数学家雷基奥蒙斯坦从天文计算的需要出发，造出了第一张具有八位数字的正弦表。精密三角表的问世，伴随着出现的是大数的运算。但尤其是乘除运算，当时还没有一个简单的办法。能否用加、减运算来代替乘除运算呢？这个问题吸引了当时的许多数学家。

1641 年，苏格兰数学家纳皮尔发表了名著《奇妙的对数定律说明书》，向世人公布了新的计算法——对数。当时指数的概念尚未形成，纳皮尔不是从指数出发，而是通过研究直线运动得出对数概念的。

对数一词是由一希腊文 λσγos（拉丁文 logos，意即："表示思想之文字或符号"，亦可做"计算"或"比率"讲）及另一希腊词 α'ριθμδs（数）结合而成的。纳皮尔于表示对数时套用 logarithm 整个词，并没做简化。

至 1624 年，开普勒才把词简化为"Log"，奥特雷得于 1647 年也是这样用。1632 年，卡瓦列里成了首个采用符号 log 的人。1821 年，柯分以"l"及"L"分别表示自然对数和任意且大于 1 的底之对数。1893 年，皮亚诺以"$\log x$"及"$\mathrm{Log} x$"分别表示以 e 为底之对数和 10 为底之对数。同年，斯特林厄姆以"$b\log$"，"$\ln$"及"$\log_k$."分别表示以 b 为底次对数，自然对数和以复数模 k 为底之对数。1902 年，施托尔茨等人以"$a\log. b$"表示以 a 为底的 b 的对数，后渐成现在之形式。

对数于 17 世纪中叶由穆尼阁引入中国。17 世纪初，薛凤祚的《历学会通》有"比例数表"（1653 年，或做"比例对数表"），称真数为"原数"，对数为"比例数"。《数理精蕴》亦称做对数比例，说："对数比例乃西士若往。纳白尔所作，以借数与真数对列成表，故名对数表"。因此，以后都称做对数了。

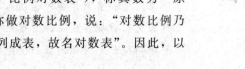

18世纪，瑞士数学家欧拉产生了"对数源于指数"的看法。这一观点是正确的，实际上对数和指数之间有着天然的联系：

设 a 是不等于1的正数，如果 $a^b = N$，那么反过来要表达 N 是 a 的多少次幂时，记作：

$b = \log_a N$。

这里，b 叫做以 a 为底 N 的对数。

英国数学家布里格斯认真研究过纳皮尔的对数，他发现如果选用以10为底数，那么任意一个十进位数的对数，就等于该数的那个10的乘幂中的幂指数，将这种对数用于计算会带来更多的方便。1624年，布里格斯出版了《对数算术》一书，制成了以10为底的对数表。这种以10为底的对数，叫做常用对数。记作：$\log_{10} N$。这里的底数10一般省略不写，即为：$\lg N$，它是常用对数号。

17世纪对数通过西方传教士引入我国。在1772年6月由康熙主持编纂的《数理精蕴》中亦列入"对数比例"一节，并称"以假数与真数对列成表，故名对数表"。真数，即现在所指的对数中的真数；假数就是今天"对数"的别名。我国清代数学家戴煦研究对数很有成绩，著成《求表捷术》一书。

莱布尼茨

莱布尼茨（1646—1716），德国最重要的自然科学家、数学家、物理学家、历史学家和哲学家，一位举世罕见的科学天才。他的研究成果还遍及力学、逻辑学、化学、地理学、解剖学、动物学、植物学、气体学、航海学、地质学、语言学、法学、哲学、历史、外交等等，"世界上没有两片完全相同的树叶"就是出自他之口，他还是最早研究中国文化和中国哲学的德国人，对丰富人类的科学知识宝库作出了不可磨灭的贡献。然而，由于他创建了微积分，并精心设计了非常巧妙简洁的微积分符号，从而使他以伟大数学家的称号闻名于世。

延伸阅读

阶　乘

阶乘是基斯顿·卡曼（1760—1826）于 1808 年发明的运算符号。阶乘，也是数学里的一种术语。

在组合理论中，n 的阶乘是一种非常关键的数字。随着 n 的增大，$n!$ 以指数的方式迅速增加。前面几个阶乘可以用手算出来：$1! = 1$，$2! = 2$，$3! = 6$，$4! = 24$，…

越往后就越是非常吃力的活了。16 世纪到 17 世纪，许多人进行阶乘的计算并且列出表来。

从实用角度看，我们没有必要精确计算出 $n!$ 的值，而只需要求出近似公式，这样能够算出前几位准确值以及它的位数就够了。1730 年左右，英国数学家斯特灵和其他人独立地得出这个公式，这就是著名的斯特灵公式：

$$n! \approx \sqrt{2\pi n}\left(\frac{n}{e}\right)^n.$$

其中 ≈ 表示近似等于，这个公式中包含数学中两个最重要的常数：一个是圆周率 π，一个是自然对数底 e，$e = 2.71828\cdots$。这种近似公式往往 n 越大，近似值越精确，用这个公式我们得出：$70! \approx 1.2 \times 10100$

也就是阶乘中首次突破 100 位大关的数。从这里也可以看出计算机出现之前手算的艰辛，同时也表明，数学中近似估计的无比重要性。

趣味无穷的数

素　数

素数是只能被 1 和它本身整除的自然数，如 2、3、5、7、11 等等，也称为质数。如果一个自然数不仅能被 1 和它本身整除，还能被别的自然数

整除，就叫合数。1既不是素数，也不是合数。全体自然数可以分为三类：1、素数、合数。而每个合数都可以表示成一些素数的乘积，因此素数可以说是构成整个自然数大厦的砖瓦。

许多素数具有迷人的形式和性质。例如：

逆素数：顺着读与逆着读都是素数的数。如1949与9491，3011与1103，1453与3541等。无重逆素数，是数字都不重复的逆素数。如13与31，17与71，37与73，79与97，107与701等。

循环下降素数与循环上升素数：按1～9这9个数码反序或正序相连而成的素数（9和1相接）。如：43，1987，76543，23，23456789，1234567891。现在找到最大一个是28位的数：1234567891234567891234567891。

由一些特殊的数码组成的数：如31，331，3331，33331，333331以及3333331，33333331都是素数。

素数研究是数论中最古老、也是最基本的部分，其中集中了看上去极简单，却几十年甚至几百年都难以解决的大量问题。

在小学的算术里，我们知道：能被2整除的数叫做偶数，通常也叫做双数；不能被2整除的数叫做奇数，通常也叫做单数。0是奇数，还是偶数呢？在那个时候，我们讨论奇偶数，一般是指自然数范围以内的。0不是自然数，所以没有谈。那么这个问题能不能研究呢？我们的回答是：能够研究，而且应该研究。不但应该研究在算术里学过的这个唯一的不是自然数的整数0，而且在中学学过代数以后，也还应该把奇偶数的概念扩大到负整数。判断的标准也很简单，凡是能被2整除的是偶数，不能被2整除的是奇数。所谓整除就是说商数应该是整数，而且没有余数。显然，因为0÷？＝0，商数是整数0，所以0是偶数。同样，在整数里，−2、−4、−6、−8、−10、−360、−2578等等，都是偶数；而−1、−3、−5、−7、−249、−1683等等，都是奇数。

素数问题是最古老的数学问题，其看似简单，却是几百年几千年都未能解决的大问题，等待着人类去征服它。

负　数

小于零的实数为负数。通常用正负数来表示相反方向的两种量。例：以海平面为0点，则世界最高峰的高度为8 848米，而马里亚纳海沟深则为－11 034 米。

我国是最早认识和应用负数的国家。在《九章算术》《方程》章中已经引入了负数的概念和正负数加减法的运算法则。书中记载的有关于以卖出的数目为正（收入），以买入的数目为负（付款）；以入仓为正、出仓为负等的负数的实际应用。并给出其名为"正负术"的运算法则。为："正负数目，同名相除，异名相益，正无入负之；负无入正之；其异名相除，同名相益，正无入正之，负无入负之。"其中"除"和"益"为"减"和"加"，"同名"、"异名"为现在的"同号"、"异号"，意思是说："同符号的两个数相减，等于其绝对值相减；异符号之数相减，等于其绝对值相加；零减正数得负数；零减负数得正数。异符号之数相加，等于其绝对值相减；同符号二数相加，等于其绝对值相加；零加正得正，零加负得负。"由此可见负数概念的引入是我国古代数学最杰出的创造之一。

公元 7 世纪，印度人才采用负数，在西方，即使到了 16 世纪的数学家韦达在解方程时还把负数（根）去掉，并把它称之为假根，因为它比"无"更小。还有的数学家把负数称为零减零上实数的"无稽的零下"、"荒谬的零下"等。直到 17 世纪 30 年代，法国数学家笛卡儿发明了解析几何学，建立了坐标系，使平面点与正负数，零组成实数对应起来，才被西方人逐渐接受。

分　数

在拉丁文里，分数一词源于 frangere，是打破、断裂的意思，因此分数也曾被人叫做是"破碎数"。

在数的历史上，分数几乎与自然数同样古老，在各个民族最古老的文献里，都能找到有关分数的记载。然而，分数在数学中传播并获得自己的地位，却用了几千年的时间。

在欧洲，这些"破碎数"曾经令人谈虎色变，视为畏途。7 世纪时，有个数学家算出了一道 8 个分数相加的习题，竟被认为是干了一件了不起的大事情。在很长的一段时间里，欧洲数学家在编写算术课本时，不得不把分数的运算法则单独叙述，因为许多学生遇到分数后，就会心灰意懒，不愿意继续学习数学了。直到 17 世纪，欧洲的许多学校还不得不派最好的教师去讲授分数知识。

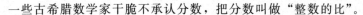

一些古希腊数学家干脆不承认分数，把分数叫做"整数的比"。

古埃及人更奇特。他们表示分数时，一般是在自然数上面加一个小圆点。在 5 上面加一个小圆点，表示这个数是 1/5；在 7 上面加一个小圆点，表示这个数是 1/7。那么，要表示分数 2/7 怎么办呢？古埃及人把 1/4 和 1/28 摆在一起，说这就是 2/7。

1/4 和 1/28 怎么能够表示 2/7 呢？原来，古埃及人只使用单分子分数。也就是说，他们只使用分子为 1 的那些分数，遇到其他的分数，都得拆成单分子分数的和。1/4 和 1/28 都是单分子分数，它们的和正好是 2/7，于是就用来表示 2/7。那时还没有加号，相加的意思要由上下文显示出来，看上去就像把 1/4 和 1/28 摆在一起表示了分数 2/7。

我国现在尚能见到最早的一部数学著作，刻在汉朝初期的一批竹简上，名为《算数书》。它是 1984 年初在湖北江陵出土的。在这本书里，已经对分数运算做了深入的研究。

稍晚些时候，在我国古代数学名著《九章算术》里，已经在世界上首次系统地研究了分数。书中将分数的加法叫做"合分"，减法叫做"减分"，乘法叫做"乘分"，除法叫做"经分"，并结合大量例题，详细介绍了它们的运算法则，以及分数的通分、约分、化带分数为假分数的方法步骤。尤其令人自豪的是，我国古代数学家发明的这些方法步骤，已与现代的方法步骤大体相同。

公元 263 年，我国数学家刘徽注释《九章算术》时，又补充了一条法则：分数除法就是将除数的分子、分母颠倒与被除数相乘。而欧洲直到 1489 年，才由维特曼提出相似的法则，已比刘徽晚了 1 200 多年！

前苏联数学史专家鲍尔加尔斯基公正地评价说："从这个简短的论述中可以得出结论：在人类文化发展的初期，中国的数学远远领先于世界其他各国。"

虚 数

"虚数"这个名字可不是徒有"虚名"，实际上它的内容非常"实"。

虚数最早是在解一元二次方程时产生的。在 14 世纪以前，人们认为 $x^2+1=0$ 是无解的。1484 年法国数学家舒开在《算术三篇》中记载了他在解 $x^2=3x$ 时得到 $x-\frac{3}{2}\pm\sqrt{2\frac{1}{4}-4}$。因为当时人们认为负数没有平方根，故他声明根是不存在的。由此可见，在 14 世纪前，已经孕育着虚数概念。

到了 16 世纪中叶，意大利数学家卡丹发表《大法》这一数学著作，它不仅讨论了方程根公式，还讨论了虚数根。例：$x^2-10x+40=0$，得解为：$5+\sqrt{-15}$，$5-\sqrt{-15}$。他当时写成 5.PRMl5、5.MRM15。这里 P 表示加法，R 表示根号，M 表示减号。这是人类历史上第一个虚数表达式。但他对虚数的产生缺乏信心，把负数的平方根认为是"虚构的"、"超诡辩的量"。

直到 1637 年，数学家笛卡儿在他的名著《几何学》中，才给它编造了这个名字"虚数"。然而，就连牛顿和莱布尼茨这么伟大的科学家，都不承认虚数。虚数的诞生，就这样不被人类所接受。

1777 年，瑞士数学家欧拉首次用 $i=\sqrt{-1}$ 表示虚数的单位，并系统地建立了复数的理论。后人将实数与虚数结合起来写成 $a+bi$ 形式（a，b 为实数），称为复数。

1801 年，高斯提出了复平面的概念，系统地使用"i"这个记号，才真正使复数及虚数有了立足之地。从此，复数及虚数才通行于世界。

形　数

毕达哥拉斯很有数学天赋，他不仅知道把数划分为奇数、偶数、质数、合数，还把自然数分成了亲和数、亏数、完全数等等。他分类的方法很奇特。其中，最有趣的是"形数"。

什么是形数呢？毕达哥拉斯研究数的概念时，喜欢把数描绘成沙滩上的小石子，小石子能够摆成不同的几何图形，于是就产生一系列的形数。

毕达哥拉斯发现，当小石子的数目是 1、3、6、10 等数时，小石子都能摆成正三角形，他把这些数叫做三角形数；当小石子的数目是 1、4、9、16 等数时，小石子都能摆成正方形，他把这些数叫做正方形数；当小石子的数目是 1、5、12、22 等数时，小石子都能摆成正五边形，他把这些数叫做五边形数……

这样一来，抽象的自然数就有了生动的形象，寻找它们之间的规律也就容易多了。不难看出，头四个三角形数都是一些连续自然数的和。3 是第二个三角形数，它等于 1+2；6 是第三个三角形数，它等于 1+2+3；10 是第四个三角形数，它等于 1+2+3+4。

看到这里，人们很自然地就会生发出一个猜想：第五个三角形数应该等于 $1+2+3+4+5$，第六个三角形数应该等于 $1+2+3+4+5+6$，第七个三角形数应该等于……

这个猜想对不对呢？

由于自然数有了"形状"，验证这个猜想费不了什么事。只要拿 15 个或者 21 个小石子出来摆一下，很快就会发现：它们都能摆成正三角形，都是三角形数，而且正好就是第五个和第六个三角形数。

就这样，毕达哥拉斯借助生动的几何直观图形，很快发现了自然数的一个规律：连续自然数的和都是三角形数。如果用字母 n 表示最后一个加数，那么 $1+2+\cdots+n$ 的和也是一个三角形数，而且正好就是第 n 个三角形数。

毕达哥拉斯还发现，第 n 个正方形数等于 n^2，第 n 个五边形数等于 n $(3n-1)/2$……根据这些规律，人们就可以写出很多很多的形数。

不过，毕达哥拉斯并不因此而满足。譬如三角形数，需要一个数一个数地相加，才能算出一个新的三角形数，毕达哥拉斯认为这太麻烦了，于是着手去寻找一种简捷的计算方法。经过深入探索自然数的内在规律，他又发现，

$$1+2+\cdots+n=\frac{1}{2}\times n\times(n+1)$$

这是一个重要的数学公式，有了它，计算连续自然数的和可就方便多了。例如，要计算一堆垒成三角形的电线杆数目，用不着一一去数，只要知道它有多少层就行了。如果它有 7 层，只要用 7 代替公式中的 n，就能算出这堆电线杆的数目。

就这样，毕达哥拉斯还发现了许多有趣的数学定理。而且，这些定理都能以纯几何的方法来证明。

函　数

函数概念最初产生于 17 世纪，这首先应归功于解析几何的创始人法国数学家 R·笛卡儿，但是，最早使用"函数"一词的却是德国数学家 G·W·莱布尼茨。尽管人们早已在不自觉地使用着函数，但究竟什么是函数，在很长一个时期里并没有形成一个很清晰的概念。大数学家 L·欧拉曾认

为"一个变量的函数是一解析表示，由这个变量及一些数或常量用任何规定方式结合而成"。与此同时，欧拉把"用笔画出的线"也叫做函数。到了19世纪，函数概念进一步发展，逐渐发展为现代的函数概念，俄国数学家N·I·罗巴切夫斯基最早较为完整地叙述了函数的定义，这时已经非常接近于当今在中学数学课本中所看到的定义了。现代意义上的函数是数学的基础概念之一。在物质世界里常常是一些量依赖于另一些量，即一些量的值随另一些量的值确定而变化。函数就是这种依赖关系的一种数学概括。一般地，非空集合 A 到 B 的对应 f 称为函数（或映射），如果 f 满足：对任意 A 中元素 a，在 B 中都有唯一确定的元素［记为 $f(a)$］与 a 对应。

函数关系不一定很有规律，当然也不一定非得用规则的表达式表示出来，实际上，更多的函数是不能用表达式表示出来的。在中学阶段，同学们主要学习的函数都是非常简单和有规律的，比如初中学习的正比例函数（$y=kx$，$k \neq 0$）、反比例函数（$y=k/x$，$k \neq 0$）、一次函数（$y=kx+b$，$k \neq 0$）和二次函数（$y=ax^2+bx+c$，$a \neq 0$）。函数可以用图像直观地表示出来，我们经常看到用"直方图"表示的函数。

在学习过程中，同学们更多地使用"描点法"来描绘函数的图像，即将满足函数方程的点逐一在直角坐标系中描绘出来，从而得到函数的图像。数与形的结合是研究函数的最有效的手段。

有理数

日常生活中，人们不仅要对单个的对象计数，有时还需要度量各种量。为了满足度量的需要，就要用到分数，例如长度，就很少正好是单位长的整数倍。于是，定义有理数为两个整数的商 q/p（$p \neq 0$）。

有理数有下面这样一个简单的几何解释：在一条水平直线上标出不同的两个点 O 和 I，选定线段 OI 作为单位长。如果用 O 和 I 分别表示 0 和 1，则可以用这条直线上间隔为单位长的点的集合来表示正整数和负整数（正整数在 0 的右边，负整数在 0 的左边）。以 p 为分母的分数可以用每一单位间隔分成 p 等分的点表示。于是，每一个有理数都对应着直线上的一个点。

无理数

无理数指无限不循环的数，或不能表示为整数之比的实数。若将它写成小数形式，小数点之后的数字有无限多个，并且不会循环。常见的无理数有大部分的平方根、π和 e（其中后两者同时为超越数）等。最先发现的无理数是 $\sqrt{2}$，它不像自然数与负数那样。在实际生活中遇到，它是在数学计算中发现的。

远在公元前 500 年左右，古希腊毕达哥拉斯学派的成员认为："万物皆整数"，宇宙的一切现象都能归结为整数及整数的比。有一个名叫希帕索斯的学生发现正方形对角线与其一边之比不能用两个整数来表达。

这与毕达哥拉斯学派的信条有了矛盾。希帕索斯所用的归谬法成功地证明了也不能用整数及整数之比表示。而毕达哥拉斯学派的许多人都否定这个动摇他们观念的数的存在。这一发现，导致了数学史上的第一次"数学危机"。而希帕索斯本人因违背毕达哥拉斯学派的信念而被抛入大海。

第一次数学危机表明，几何学的某些真理与算术无关，几何量不能完全由整数及比来表示。反之，数却可以由几何量表示。因此古希腊的数学观念受到极大的冲击。从此以后，几何学开始在古希腊迅速发展。希腊人认识到，直觉和经验不一定靠得住，而可靠的只有推理论证。于是，他们开始从公理开发，经过演泽推理，建立了几何学体系。

完全数

自然数 6 是个非常"完善"的数，与它的因数之间有一种奇妙的联系。6 的因数共有 4 个：1、2、3、6，除了 6 自身这个因数以外，其他的 3 个都是它的真因数。数学家们发现：把 6 的所有真因数都加起来，正好等于自然数 6 本身！

数学上，具有这种性质的自然数叫做完全数。例如，28 也是一个完全数，它的真因数有 1、2、4、7、14，而 1＋2＋4＋7＋14 正好等于 28。

在自然数里，完全数非常稀少，用沧海一粟来形容也不算太夸张。有人统计过，在 1 万到 40000000 这么大的范围里，已被发现的完全数也不过寥寥 5 个；另外，直到 1952 年，在两千多年的时间，已被发现的完全数总共才有 12 个。

并不是数学家不重视完全数，实际上，在非常遥远的古代，他们就开始探索寻找完全数的方法了。公元前 3 世纪，古希腊著名数学家欧几里得甚至发现了一个计算完全数的公式：如果 2^n-1 是一个质数，那么，由公

式 $N=2^{n-1}\times(2^n-1)$ 算出的数一定是一个完全数。例如，当 $n=2$ 时，$2^2-1=3$ 是一个质数，于是 $N_2=2^{2-1}\times(2^2-1)=2\times3=6$ 是一个完全数；当 $n=3$ 时，$N_3=28$ 是一个完全数；当 $n=5$ 时，$N_5=496$ 也是一个完全数。

18 世纪时，大数学家欧拉又从理论上证明：每一个偶完全数必定是由这种公式算出的。

尽管如此，寻找完全数的工作仍然非常艰巨。不难想像，用笔算出这个完全数该是多么困难。

直到 20 世纪中叶，随着电子计算机的问世，寻找完全数的工作才取得了较大的进展。1952 年，数学家凭借计算机的高速运算，一下子发现了 5 个完全数，它们分别对应于欧几里得公式中 $n=521$、607、1279、2203 和 2281 时的答案。以后数学家们又陆续发现：当 $n=3217$、4253、4423、9689、9941、11213 和 19937 时，由欧几里得公式算出的答案也是完全数。

到 1985 年，人们在无穷无尽的自然数里，总共找出了 30 个完全数。

在欧几里得公式里，只要 2^n-1 是质数，$2^{n-1}(2^n-1)$ 就一定是完全数。所以，寻找新的完全数与寻找新的质数密切相关。

1979 年，当人们知道 $2^{44497}-1$ 是一个新的质数时，随之也就知道了 $2^{44496}\times(2^{44497}-1)$ 是一个新的完全数；1985 年，人们知道 $2^{216091}-1$ 是一个更大的质数时，也就知道了 $2^{216090}\times(2^{216091}-1)$ 是一个更大的完全数。它是迄今所知最大的一个完全数。

这是一个非常大的数，大到很难在书中将它原原本本地写出来。有趣的是，虽然很少有人知道这个数的最后一个数字是多少，却知道它一定是一个偶数，因为，由欧几里得公式算出的完全数都是偶数！

那么，奇数中有没有完全数呢？

曾经有人验证过位数少于 36 位的所有自然数，始终也没有发现奇完全数的踪迹。不过，在比这还大的自然数里，奇完全数是否存在，可就谁也说不准了。说起来，这还是一个尚未解决的著名数学难题。

亲和数

亲和数又叫友好数，它指的是这样的两个自然数，其中每个数的真因子和等于另一个数。毕达哥拉斯是公元前 6 世纪的古希腊数学家。据说曾

有人问他："朋友是什么？"他回答："就是第二个我，正如220与284。"为什么他把朋友比喻成两个数字呢？原来220的真因子是1、2、4、5、10、11、20、22、44、55和110，加起来得284；而284的真因子的1、2、4、71、124，加起来恰好是220。284和220就是友好数。它们是人类最早发现的又是所有友好数中最小的一对。

第二对亲和数（17296，18416）是在二千多年后的1636年才发现的。之后，人类不断发现新的亲和数。1747年，欧拉已知道30对。1750年又增加到50对。到现在科学家已经发现了900对以上这样的亲和数。令人惊讶的是，第二对最小的友好数（1184，1210）直到19世纪后期才被一个16岁的意大利男孩儿发现。

人们还研究了亲和数链：这是一个连串自然数，其中每一个数的真因子之和都等于下一个数，最后一个数的真因子之和等于第一个数。如12496，14288，15472，14536，14264。有一个这样的链竟然包含了28个数。

对称数

文学作品有"回文诗"，如"山连海来海连山"，不论你顺读，还是倒过来读，它都完全一样。有趣的是，数学王国中，也有类似于"回文"的对称数！

先看下面的算式：

$$11 \times 11 = 121$$
$$111 \times 111 = 12321$$
$$1111 \times 1111 = 1234321$$

......

由此推论下去，12345678987654321这个17位数，是由哪两数相乘得到的，也便不言而喻了！

瞧，这些数的排列多么像一列士兵，由低到高，再由高到低，整齐有序。还有一些数，如：9461649，虽高低交错，却也左右对称。假如以中间的一个数为对称轴，数字的排列方式，简直就是个对称图形了！因此，这类数被称做"对称数"。

对称数排列有序，整齐美观，形象动人。

那么，怎样能够得到对称数呢？

经研究，除了上述 11、111、1111……自乘的积是对称数外，把某些自然数与它的逆序数相加，得出的和再与和的逆序数相加，连续进行下去，也可得到对称数。

如：475

$$
\begin{array}{r} 475 \\ +574 \\ \hline 1049 \end{array}
\qquad
\begin{array}{r} 1049 \\ +9401 \\ \hline 10450 \end{array}
\qquad
\begin{array}{r} 10450 \\ +05401 \\ \hline 15851 \end{array}
$$

15851 便是对称数。

再如：7234

$$
\begin{array}{r} 7234 \\ +4327 \\ \hline 11561 \end{array}
\qquad
\begin{array}{r} 11561 \\ +16511 \\ \hline 28072 \end{array}
\qquad
\begin{array}{r} 28072 \\ +27082 \\ \hline 55154 \end{array}
$$

$$
\begin{array}{r} 55154 \\ +45155 \\ \hline 100309 \end{array}
\qquad
\begin{array}{r} 1003310 \\ +0133001 \\ \hline 1136311 \end{array}
\qquad
\begin{array}{r} 100309 \\ +903001 \\ \hline 1003310 \end{array}
$$

对称数也出现了：1136311。

对称数还有一些独特的性质：

1. 任意一个数位是偶数的对称数，都能被 11 整除。如：

$77 \div 11 = 7$ 　　　　 $1001 \div 511 = 91$

$5445 \div 11 = 495$ 　　　 $310013 \div 11 = 28183$

2. 两个由相同数字组成的对称数，它们的差必定是 81 的倍数。如：

$9779 - 7997 = 1782 = 81 \times 22$

$43234 - 34243 = 8991 = 81 \times 111$

$63136 - 36163 = 26973 = 81 \times 333$

……

圣经数

153 被称做"圣经数"。

这个美妙的名称出自圣经《新约全书》约翰福音第 21 章。其中写道：耶稣对他们说："把刚才打的鱼拿几条来。"西门·彼得就去把网拉到岸上。那网网满了大鱼，共 153 条；鱼虽这样多，网却没有破。

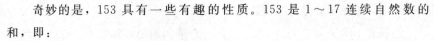

奇妙的是，153 具有一些有趣的性质。153 是 1～17 连续自然数的和，即：

$$1+2+3+\cdots+17=153$$

任写一个 3 的倍数的数，把各位数字的立方相加，得出和，再把和的各位数字立方后相加，如此反复进行，最后则必然出现圣经数。

例如：24 是 3 的倍数，按照上述规则，进行变换的过程是：

$$24\rightarrow2^3+4^3\rightarrow72\rightarrow7^3+2^3\rightarrow351\rightarrow3^3+5^3+1^3\rightarrow153$$

圣经数出现了！

再如：123 是 3 的倍数，变换过程是：

$$123\rightarrow1^3+2^3+3^3\rightarrow36\rightarrow3^3+6^3\rightarrow243\rightarrow2^3+4^3+3^3\rightarrow99\rightarrow9^3+9^3\rightarrow1458\rightarrow$$

$$1^3+4^3+5^3+8^3\rightarrow702\rightarrow7^3+2^3\rightarrow351\rightarrow3^3+5^3+1^3\rightarrow153$$

圣经数这一奇妙的性质是以色列人科恩发现的。英国学者奥皮亚奈，对此并做了证明。《美国数学月刊》对有关问题还进行了深入的探讨。

魔术数

有一些数字，只要把它接写在任一个自然数的末尾，那么，原数就如同着了魔似的，它连同接写的数所组成的新数，就必定能够被这个接写的数整除。因而，把接写上去的数称为"魔术数"。

我们已经知道，一位数中的 1，2，5，是魔术数。1 是魔术数是一目了然的，因为任何数除以 1 仍得任何数。

用 2 试试：

12、22、32、…、112、172、…、7132、9012…这些数，都能被 2 整除，因为它们都被 2 粘上了！

用 5 试试：

15、25、35、…、115、135、…、3015、7175…同样，任何一个数，只要末尾粘上了 5，它就必须能被 5 整除。

有趣的是：一位的魔术数 1，2，5，恰是 10 的约数中所有的一位数。

两位的魔术数有 10、20、25、50，恰是 100（10^2）的约数中所有的两位数。

三位的魔术数，恰是 1000（10^3）的约数中所有的三位数，即：100、125、200、250、500。

四位的魔术数，恰是 10000（10^4）的约数中所有的四位数，即 1000、1250、2000、2500、5000。

那么 n 位魔术数应是哪些呢？由上面各题可推知，应是 $10n$ 的约数中所有的 n 位约数。四位、五位直至 n 位魔术数，它们都只有 5 个。

罗巴切夫斯基

罗巴切夫斯基（1792—1856），俄罗斯数学家，非欧几何的早期发现人之一。罗巴切夫斯基在尝试证明平行公理时发现以前所有的证明都无法逃脱循环论证的错误。于是，他作出假定：过直线外一点，可以做无数条直线与已知直线平行。如果这假定被否定，则就证明了平行公理。然而，他不仅没有能否定这个命题，而且用它同其他欧氏几何中与平行公理无关的命题一起展开推论，得到了一个逻辑合理的新的几何体系——非欧几里得几何学，这就是后来人们所说的罗氏几何。罗氏几何的创立对几何学和整个数学的发展起了巨大的作用，但一开始并没有引起重视，直到罗巴切夫斯基去世后 12 年才逐渐被广泛认同。

为"无理数"献身的人

毕达哥拉斯认为数只有整数、分数。这论点，学派成员是无人敢怀疑的。毕达哥拉斯的学生希伯索斯是一个聪明好学、具有独立思考能力的青年数学家。毕达哥拉斯死后不久他通过逻辑推理发现：等腰直角三角形的斜边与直角边之比不能表示为两个整数之比。这就推翻了毕达哥拉斯学派的信条，从几何上发现了无理数的存在。

希伯索斯对数学的发展作出了很大的贡献，但他并未获得任何赞赏，反而因此丧失了生命。相传当时他正和毕氏学派的成员在一条游船上游玩，当希伯索斯向大家讲述他的重大发现时，激怒了死守毕氏信条的信徒，他们把希伯索斯抛入了大海，处以淹死的惩罚。希伯索斯为发现真理，而献出了自己的生命。

数学工具

乘法九九表

在我们遇到的所有数学表中，第一个便是"乘法九九表"。它的出现，使我国的数学计算工具——算盘具有了强大的生命力，以至于科学发展到现在竟出现一种左边为电子计算器，右边为算盘的计算工具。计算机科学发展到现在，仍然不能完全代替算盘这种古老的计算工具，其原因就在于算盘有着简单易记的口诀的缘故。

"乘法九九表"俗称"小九九"，就是我们在小学里学过的乘法口诀或乘法表。现行的口诀是从"一一得一"开始，到"九九八十一"止；而古代是从"九九八十一"起到"二二得四"止。故取头两个字"九九"得名为"乘法九九表"。

乘法口诀表

1×1=1								
1×2=2	2×2=4							
2×1=2	2×2=4							
1×3=3	2×3=6	3×3=9						
3×1=3	3×2=6	3×3=9						
1×4=4	2×4=8	3×4=12	4×4=16					
4×1=4	4×2=8	4×3=12	4×4=16					
1×5=5	2×5=10	3×5=15	4×5=20	5×5=25				
5×1=5	5×2=10	5×3=15	5×4=20	5×5=25				
1×6=6	2×6=12	3×6=18	4×6=24	5×6=30	6×6=36			
6×1=6	6×2=12	6×3=18	6×4=24	6×5=30	6×6=36			
1×7=7	2×7=14	3×7=21	4×7=28	5×7=35	6×7=42	7×7=49		
7×1=7	7×2=14	7×3=21	7×4=28	7×5=35	7×6=42	7×7=49		
1×8=8	2×8=16	3×8=24	4×8=32	5×8=40	6×8=48	7×8=56	8×8=64	
8×1=8	8×2=16	8×3=24	8×4=32	8×5=40	6×8=48	7×8=56	8×8=64	
1×9=9	2×9=18	3×9=27	4×9=36	5×9=45	6×9=54	7×9=63	8×9=72	9×9=81
9×1=9	9×2=18	9×3=27	9×4=36	9×5=45	6×9=54	7×9=63	9×8=72	9×9=81

乘法九九表

"乘法九九表"是我国历史上最早的数学表。据说春秋时代五霸之一的齐桓公招聘贤才，无人应聘。后来东野地方有一个人用"乘法九九表"来见齐王，表示自己有才能。桓公笑道："会背'九九表'也算本领吗？"那人回答道："背'九九表'确实算不上什么大本领，但如果您能对我以礼相待，还怕比我高明的人不来吗？"齐桓公觉得有理，接受了他的意见并款待了他。果然，许多贤士蜂拥而来。

这个故事说明在公元前 7 世纪，"九九表"已不算什么学问了。从目前出世的文简中，业已证实在公元前 7 世纪前，我国古代劳动人民已掌握了"乘法九九表"比古希脂尼科马克（公元前 1 世纪）的《算术八门》中的九九口诀的记载至少早了 500 年。

最早的数学表

上中学数学课，计算时常常要用一些数学表：平方表、立方表、三角函数表……有了数学表，可以直接查表得到结果，大大方便了计算。这些数学表是在长期的逐步积累中发展、完善的。

在靠近幼发拉底河的古代巴比伦的庙宇图书馆遗址中曾挖掘出大量的泥土板，上面用楔形文字刻着乘法表、加法表、平方表、倒数表和平方根表等。这些都是人类最古老的数字表。我国历史上最早的数学表是"乘法九九表"，九九表在我国很早就已经普遍被人掌握了。在我国敦煌等出土的西汉竹简上，都记载着不完整的九九表。例如，敦煌的汉简中的九九表共十六句，即：九九八十一，八八六十四，五七三十五，八九七十二，七八五十六，四七二十八，五五二十五，七九六十三，六八四十八，三七二十一，四五二十，五八四十，三五一十五。

今天，人们可以用电子计算器来代替许多数学表，但在很多情况下，人们还在使用九九表，因为它很方便易学，也很实用。

三角函数表

最早的三角函数表是公元 2 世纪的希腊天文学家托勒密编制的。古希腊人在天文观测过程中，已经认识到三角形的边之间具有某种关系。到了托勒密的时代，人们在天文学的研究中发现有必要建立某些精确确定这些关系的规则。托勒密继承了前人的工作成果，并加以整理和发展，汇编了

《天文集》一书。书中就包括了我们目前发现的最早的三角函数表。不过这张表和我们现在使用的三角函数表大不相同。

托勒密只研究了"角和弦"。他所谓的弦就是在固定的圆内，圆心角所对弦的长度。$2X$ 的弦（即角 $2X$ 所对弦的长度）是 AB，它于我们现在所说的 sin（即 AC/OA，我们把圆的半径定为单位长，所以 $OA=1$）的 2 倍：$1/2$ 角的弦 $2\alpha = \sin\alpha$。托勒密在《天文集》中，编制了以（1/2）° 范围间隔的从 0° 到 180° 之间所有角度的弦表，因此，它其实是现实意义下的以（1/4）° 为间隔的 0° 到 90° 的正弦函数表。

今天我们研究的三角函数表里包括 4 种基本的三角函数：正弦、余弦、正切、余切。

三角函数及其应用的研究，现在已成为一个重要的数学分支——三角函数，它是现代数学的基础知识之一。

对数表

苏格兰数学家纳皮尔对数学计算很有研究。1614 年纳皮尔发表了名著《奇妙的对数定律说明书》，向世人公布了新的计算法——对数。当时指数的概念尚未形成，纳皮尔不是从指数出发，而是通过研究直线运动得出对数概念的。

英国数学家布里格斯认真研究过纳皮尔的对数，他发现如果选用以 10 为底数，那么任意一个十进位数的对数，就等于该数的那个 10 的乘幂中的幂指数，将这种对数用于计算会带来更多的方便。1624 年，布里格斯出版了《对数算术》一书，制成了以 10 为底的对数表。这种以 10 为底的对数，叫做常用对数。记作：$\log_{10} N$。这里的底数 10 一般省略不写，即为：$\lg N$，它是常用对数号。

对数符号引入后，在表达对数运算法则时，可以准确、简洁地表示出对数的运算规律：

$$\log_a (M \cdot N) = \log_a M + \log_a N;$$

$$\log_a \frac{M}{N} = \log_a M - \log_a N;$$

$$\log_a M^n = n \log_a M;$$

$$\log_a \sqrt[n]{M} = \frac{1}{n} \log_a M 。$$

其中 $M>0$，$N>0$，a 是不等于 1 的正数。

17 世纪对数通过西方传教士引入我国。在 1772 年 6 月由康熙主持编纂的《数理精蕴》中亦列入"对数比例"一节，并称"以假数与真数对列成表，故名对数表"。真数，即现在所指的对数中的真数；假数就是今天"对数"的别名。我国清代数学家戴煦研究对数很有成绩，著成《求表捷术》一书。

对数在数学中的应用很广泛，给人们在计算上带来很大方便，彻底解决了乘方、开方运算和计算上的降阶运算，如乘除运算可以用加减运算来代替，乘方、开方运算可以用乘除运算来代替，对数的发明是数学史上的一件大事。恩格斯曾把对数的发明、解析几何学的创始和微积分学的建立并列为 17 世纪数学的三大成就。难怪意大利的天文学家伽利略曾说过："给我空间、时间及对数，我可以创造一个宇宙。"这话当然是夸张的语气，然而说明对数的用处是巨大而广泛的。

坐　标

解析几何学的诞生是数学思想的一次飞跃，它代表形与数的统一，几何学与代数学的统一。解析几何学的基本内容是：

（1）引进坐标，使点（乃至更一般的几何对象）与数对应。

（2）使方程与曲线（或曲面）等相互对应。

（3）通过代数或算术方法解决几何问题，反过来对于代数方程等给出几何直观的解释。

由于几何学的代数化或算术化大大扩展了几何学的研究领域并弥补了综合方法的不足，为后来的数学发展指出一条康庄大道。

朴素的坐标观念在古希腊甚至古埃及就已经有了，经纬度观念也早就有了。阿波洛尼乌斯在研究圆锥曲线时也使用过坐标。希拔楚斯已开始对天球上的点引进坐标。而在中世纪欧洲，奥雷姆在 1350 年左右引进直角坐标系的原始形式。但坐标轴一直到 17 世纪中叶才引入。到 17 世纪末斜角坐标系才普遍使用，这时其余坐标系也在考虑。牛顿在 1671 年写成的《解析几何》的手稿，除了以直线为参照系的斜角坐标系及直角坐标系之外，还提出另外 8 种坐标系，其中包括极坐标系及双极坐标系，并利用它们研究一系列几何及微积分问题，特别用极坐标研究螺线。该书出版过迟，雅

各·伯努利已于1791年正式首次发表极坐标系，并用来研究费尔马的抛物螺线。瑞士数学家赫尔曼则于1729年正式宣告用极坐标研究轨迹同笛卡儿坐标一样好。他用 ρ、$\cos\theta$、$\sin\theta$ 为变元，分别用 z、n、m 表示。他还给出由直角坐标转换成极坐标的一般公式。

最常用的平面解析几何的坐标变换公式为直角坐标（x，y）与极坐标（ρ，θ），的相互变换，其公式如下：

$$\begin{cases} x = \rho\cos\theta \\ y = \rho\sin\theta \end{cases} \quad 及 \quad \begin{cases} \rho = \sqrt{x^2 + y^2} \\ \tan\theta = \dfrac{y}{x} \end{cases}$$

数学语言

语言是思维的载体。数学本身就是一种反映大自然规律的语言。数学语言以严谨清晰，精炼准确而著称。数学语言能力既是数学能力的组成部分之一，又是其他各种数学能力的基础，对学生学习数学知识，发展数学能力有重要作用。

自然语言、图形语言和符号语言常被人们称为数学中的三大语言。数学思维多是无声的数学语言的活动，不少数学问题的解决，实质上是不同语言的互译在起作用。流畅的数学思维、机巧的数学解题是建筑在娴熟的数学语言的掌握基础之上的。所以，三种语言的熟练转化是数学知识掌握较好的标志，是思维灵活、敏捷的重要表现，是左右脑协同作用的结果；相反，解题受阻则常因为语言拘泥于某种形式而不善转化。数学中，从口头语言的训练到文字的逻辑表达，做到条理井然、层次分明、用语准确、书写规范，十分重要。

数学符号

数学符号是数学王国的一件必不可少的，不可替代的重要工具。

数学符号是数学科学专门使用的特殊符号，是一种含义高度概括、形体高度浓缩的抽象的科学语言。具体地说，数学符号是产生于数学概念、演算、公式、命题、推理和逻辑关系等整个数学过程中，为使数学思维过程更加准确、概括、简明、直观和易于揭示数学对象的本质而形成的特殊的数学语言。

数学符号的发展历史，大约可分为 3 个时期。在公元前 3 世纪之前，对数学问题的解法是不用符号的，被称之为文字叙述数学论文。这是第一个时期。第二个时期是 3 世纪至 16 世纪，数学家们开始对某些经常出现的量和运算采用缩写的方法，故称之为简化数学时期。这个时期最杰出贡献的数学家应首推丢番图，是他把希腊的代数学简化，开创了简化数学纪元。这种现象持续了好几百年，在世界各地都采用这种方法对数学进行缩写。

真正引入数学符号的是 16 世纪的数学家韦达，他是第一个将符号引入数学领域的人。他用元音字母表示未知量，用辅音字母表示已知量，大大地拓宽了数学的应用范围。

我们现在用的数学符号，特别是代数符号，主要采用的是韦达之后的数学家笛卡儿改进后的数学符号。他提出，英文字母中最后的 X，Y，Z 表示未知量，用最初的字母表示 a，b，c 表示已知量。

正因为数学符号的出现，数学才变得更加简洁，体现了数学的简洁美，更重要的是使用起来方便，缩短了书写时间。只有符号的建立，才能总结便于运算的各种规则，便于推理，也才能真正揭示数量之间的关系。

逻辑体系

公元前 3 世纪时，最著名的数学中心是亚历山大城；在亚历山大城，最著名的数学家是欧几里得。

在数学上，欧几里得最大的贡献是编了一本书。当然，仅凭这一本书，就足以使他获得不朽的声誉。

这本书，也就是震烁古今的数学巨著《几何原本》。

为了编好这本书，欧几里得创造了一种巧妙的陈述方式。一开头，他介绍了所有的定义，让大家一翻开书，就知道书中的每个概念是什么意思。例如，什么叫做点？书中说："点是没有部分的。"什么叫做线？书中说："线有长度但没有宽度。"这样一来，大家就不会对书中的概念产生歧义了。

接下来，欧几里得提出了 5 个公理和 5 个公设：

公理 1　与同一件东西相等的一些东西，它们彼此也是相等的。

公理 2　等量加等量，总量仍相等。

公理 3　等量减等量，总量仍相等。

公理 4　彼此重合的东西彼此是相等的。

公理 5　整体大于部分。

公设 1　从任意的一个点到另外一个点做一条直线是可能的。

公设 2　把有限的直线不断循直线延长是可能的。

公设 3　以任一点为圆心和任一距离为半径做一圆是可能的。

公设 4　所有的直角都相等。

公设 5　如果一直线与两直线相交，且同侧所交两内角之和小于两直角，则两直线无限延长后必相交于该侧的一点。

在现在看来，公理与公设实际上是一回事，它们都是最基本的数学结论。公理的正确性是毋庸置疑的，因为它们都经过了长期实践的反复检验。而且，除了第 5 公设以外，其他公理的正确性几乎是"一目了然"的。

这些公理是干什么用的？欧几里得把它们作为数学推理的基础。他想，既然谁也无法否认公理的正确性，那么，用它们作理论依据去证明数学定理，只要证明的过程不出差错，定理的正确性也就同样不容否认了。而且，一个定理被证明以后，又可以用它作为理论依据，去推导出新的数学定理来。这样，就可以用一根逻辑的链条，把所有的定理都串联起来，让每一个环节都衔接得丝丝入扣，无懈可击。

在《几何原本》里，欧几里得用这种方式，有条不紊地证明了 467 个最重要的数学定理。

从此，古希腊丰富的几何学知识，形成了一个逻辑严谨的科学体系。

这是一个奇迹，两千多年后，大科学家爱因斯坦仍然怀着深深的敬意称赞说：这是"世界第一次目睹了一个逻辑体系的奇迹"。

由区区 5 个公理 5 个公设，竟能推导出那么多的数学定理来，这也是一个奇迹。而且，这些公理公设，多一个显得累赘，少一个则基础不巩固，其中自有很深的奥秘。后来，欧几里得独创的陈述方式，也就一直为历代数学家所沿用。

规　矩

几何做图时，常常离不开圆规和尺子，那么最早的圆规和尺子是由哪个国家发明的？

根据现有的资料来看，古代四大文明古国都有关于使用圆规和尺子的记载，特别是几何学发达的古埃及人。他们在丈量土地、绘制图形时，都会用到上述两种工具。

但是最早使用圆规和曲尺的国家是中国。在我国远古的传说中，尧舜共同管理部落联盟的内部事务，黄河下游一带洪水泛滥，先推举鲧治水，由于鲧治水无效，又让鲧的儿子禹治水，禹治水时"左准绳，右规矩"，准绳就是用来测定水准和直线的工具，规矩就是用来画圆的圆规和画直线及直角的直角拐尺。如果说这仅仅是一种传说，那么在商代已经有了"规矩"二字的明确记载。在汉代的许多画像上有"伏羲手执规，女娲手执矩"的造型。那时圆规的形状类似我们现在的圆规，这些都是规、矩最早出现在我国的有力证明。

规和矩的使用对我国早期数学的发展起过巨大的作用。规主要用来画圆，矩不但用来绘直角和直线，还用于测量，《周髀算经》许多地方就是利用矩形的同摆法，根据相似直角三角形对应边成比例的性质，来确定水平和垂直方向，测量远处的高度、深度和距离的。

算　盘

算盘是由我国大约在 14 世纪左右发明的，一直以来它都是我国最普遍的计算工具之一。用算盘来计算的方法叫珠算。

中国算盘以其制作简单、价格低廉，运算方便，配以易学易记的珠算口诀等优点，长盛不衰。除了我国，还有些地区也出现过算盘，但都没有流传下来。15 世纪中期在《鲁班木经中》已有制造算盘的详细介绍。关于珠算术，明代吴敬《九章算法比类大全》记载最早。1537 年我国徐心鲁写了一本系统介绍珠算算法的书。

算　盘

1592 的程大位又写了《直指算法统宗》等，这都加快了算盘的推广，使珠算流传到许多国家。国际上曾多次进行计算速度的比赛，在和手摇计算机及电子计算机的对抗赛中，每次加、减法的冠军都是算盘，因此有了电子计算机的今天，人们仍广泛使用算盘。

纳皮尔计算尺

纳皮尔尺是一种能简化计算的工具，又叫"纳皮尔计算尺"，是由对数的发明人苏格兰数学家纳皮尔发明的。它由10根木条组成，左边第一根木条上都刻有数码，右边第一根木条是固定的，其余的都可根据计算的需要进行拼合或调换位置。

纳皮尔尺可以用加法和乘法代替多位数的乘法，也可以用除数为一位数的除法和减法代替多位数除法，从而简化了计算。

纳皮尔尺的计算原理是"格子乘法"。例如，要计算 934×314，先画出长宽各3格的方格，并画上斜线；在方格上方标上9，3，4，右方标上3，1，4；把上方的各个数字与右边各个数字分别相乘，乘得的结果填入格子里；最后，从右下角开始依次把三角形格中的各数字按斜线相加，必要时进位，便得到积293276。

纳皮尔计算尺只不过是把格子乘法里填格子的任务事先做好而已。需要哪几个数字时，就将刻有这些数位的木条按格了乘法的形式拼合在一起。与我国的算筹原理大相径庭。

纳皮尔计算尺也传到过中国，北京故宫博物院里至今还有珍藏品。

机械计算机和分析机

算盘、对数计算尺等等都不能自动连续地进行运算，也不能储存运算结果，运算速度也不够快，因而人们就想制造一种能代替人工并进行快速计算的机器。

1642年，法国数学家帕斯卡发明了世界上第一台机械计算机。这台计算机是像钟表那样利用齿轮传动来实现进位，计算时要用小钥匙逐个拨动各个数字上的齿轮，计算结果则在带数字小轮的另一个读数孔中显示出来，计算结束后还要逐个恢复0位。这台计算机只能做加减法，操作也非常复杂，但在当时是一个了不起的发明，成了计算工具变革的起点。以它为基础，此后人们发明了手摇计算机。

手摇机械计算机及后来的电动计算机，由于四项运算都需要计算人员的亲自操作，使得计算速度受到限制。为了克服这一点，英国的数学家查尔斯·巴贝奇，花费了几十年的时间，于1833年构思了一种分析机。这种分析机用刻有数字的轮子来存储数据，通过齿轮的旋转进行计算，用一级齿轮和械杆构成的装置传送数据，用穿空卡片输入程序和数据，用穿孔卡片和打印机输出计算结果。由于受当时技术条件的局限，巴贝奇耗费了大量资金也没有获得成功，只是搞了一个机器模型。但是，他的设想为现代电子计算机的诞生奠定了基础。

比例规

比例规又叫扇形圆规，是意大利物理学家伽利略在1597年左右发明的。

比例规由可滑动的指标旋钮连接两条等长规杆构成，规杆两端具有脚尖，两对脚尖张开距离等于旋钮到两脚尖距离之比。移动旋钮可改变比率。规杆四侧刻有四排刻划，分别为：求长度成比率的直线；面积成比率的正方形边长；体积成比率的立方体棱长；圆面积成比率的半径之长。转绘时，先将旋钮上的指标对准相应的刻划，以确定两对脚尖张距的比值，然后根据地图资料和新绘地图的共同点，以交会法进行。常同网格法配合应用，当大量转绘地图要素时，比例规就不适用。

比例规既是几何做图的工具，又可以用于实际测量和绘图。它在17世纪的欧洲很流行，并被人们通用200多年。问世不久，就传入了中国。1630年罗雅谷在中国写了《比例规解》一书，介绍比例规的用法。此后中国数学家的著作中就常有关于比例规的论述。我国故宫博物院内还藏有各种质料和不同类型的比例规几十具。

知识点

赫 尔 曼

赫尔曼（1013—1054），德国数学家。生卒均在阿尔茨豪森，早年在修道院学校学习，1043年成为赖谢瑙的修道士。由于他幼时患病，脚部留有残疾，因此又称为跛脚的赫尔曼。他通晓阿拉伯天文学，是在大翻译运动以前向西方各国引进阿拉伯天文技术的重要人物。他著有关于星盘的书。在数学方面，曾研究如何使用当时的算盘进行四则运算。他还提出过一种复杂的数学游戏，其原理基于初等数论，涉及算术以及三种级数的知识。

 延伸阅读

铜壶滴漏

我们知道，"刻"可以表示时间。例如，成语"一刻千金"和"刻不容缓"中的"刻"都是表示时间的。另外，在表示具体时间时，如3点15分也可叫做三点一刻。那么，为什么一刻等于15分钟呢？

前文已经介绍过我国古代没有钟表，人们靠"铜壶滴漏"来计算时间的长短，这种用来计时的铜壶叫漏。漏壶的底部有个孔，壶中竖着一支带有100个刻度的箭，壶中装满水后，水从孔中一滴一滴往下漏，一天刚好漏完100刻度的水。

到了清朝，钟表从国外传入我国，计时方法为一天24小时。人们根据漏壶一天漏掉的100刻度的水，计算出箭上一个刻度所代表的时间：60×24÷100＝14.4（分）

14.4分钟接近15分钟，所以，人们就把一个刻度代表的时间定为15分。就这样，"刻"成了计算时间的单位，即一刻等于15分钟。

创建数学王国的功臣们

自古至今涌现了一大批数学家,有博学多能的数学家祖冲之、"几何之父"欧几里得、"数学之神"阿基米德、"代数之父"韦达、"数学王子"高斯……他们以巨大的热情,满腔的心血,惊人的智慧,不懈的探索,不怕困难,挑战难关,不断攻克一个个数学堡垒,将数学王国的疆域不断扩大,最终创建出一个越来越完美的数学王国。他们是如此的无私,让我们无偿享受着他们呕心沥血的成果,从而为我们生活的世界提供了最基础的工具。可以说,没有他们,我们今天的生活不可能如此井然有序;没有他们,我们的各个科技领域不可能取得如此辉煌的成就。

创造了 10 个世界领先的刘徽

刘徽出生于公元 3 世纪(约 225—295 年),是魏晋时期一位杰出的数学家,是我国古代数学理论的奠基人。他主要是生活在三国时代的魏国,据查证可能是山东淄川一带人。他曾从事过度量衡考校工作,研究过天文历法,还进行过野外测量,但他主要还是进行数学研究工作。他反复地学习和研究了《九章算术》。263 年,也就是距今 1 700 多年前的时候,他就全面系统地为《九章算术》注释了 10 卷。在刘徽的注解中,包含了他的许多天才性创见和补充,这是他一生中取得的最大的功绩。

《九章算术》是我国算经十书中最重要的一部,也是我国流传最早的数学著作之一。它不是一个人独立完成的作品,也不是在同一个时代里完成的。它系统地归纳了战国、秦、汉封建制从创立到巩固这一段时期内的数

学成就。现在流传的《九章算术》是刘徽的注释本。

《九章算术》是以应用问题的形式表达出来的。一共收入了 246 个问题，按数学性质不同共分为 9 章：第一章"方田章"38 个问题。主要介绍田亩面积的计算。第二章"粟米章"46 个问题。主要讲解各种比例的算法。第三章"衰分章"20 个问题。是讨论按比例分配的问题。第四章"少广章"24 个问题。是讲开平方、开立方的计算方法。第五章"商功章"28 个问题。是介绍各种形状的体积计算方法。第六章"均输章"28 个问题。是讲如何按人口数量，路途远近等条件合理安排各地的赋税及分派工役等问题的计算方法。第七章"盈不足章"20 个问题。是讲解算术中盈亏问题的解法及比例问题。第八章"方程章"18 个问题。是讲联立方程组的解法。第九章"勾股章"24 个问题。是讲应用勾股定理求解应用问题。

刘徽为《九章算术》做注释，不是简单地对一部古老数学专著的注解，而是把他自己的许多研究成果充实到了里边。他经过多年刻苦钻研，对《九章算术》中一些不完整的公式和定理作出了逻辑证明，对一些不是很明确的概念提出了确切而又严格的定义。他使中国古代的一部数学遗产变得更充实完整了。

刘徽对圆周率 π 进行了研究。他否定古人在《九章算术》中把圆周率 π 取为 3 的做法。他认为：用 3 表示 π 的值是极不精确的。"周三径一"仅是圆内接正六边形的周长与圆径之比。他经过多年苦心钻研，创造出了科学的方法——割圆术。是以一尺（33 厘米）为半径做圆，然后做这个圆的内接正六边形，逐倍增加边数，计算出正十二边形，正二十四边形，正四十八边形，正九十六边形，一直算到正一百九十二边形的面积，求出圆周率 π 等于 3.141024，相当于 3.14。后来人们为纪念刘徽的成就称此率为"徽率"。刘徽这种让内接正多边形边数逐倍增加，边数越多，就越和圆周贴近的思想，在当时条件下是非常不简单的。显然他当时已有了"极限"的思想。这种思想方法是后来的数学家发现数学规律后，而经常采用的方法。

刘徽的一生刚直不阿，在任何条件下都敢于发表自己的见解，敢于修正前人的错误。他在研究数学的过程中，不仅重视理论研究，而且也很注意理论联系实际。他的治学精神大胆、谨慎、认真。他对自己还没有解答的问题，把自己感到困难的地方老老实实地写出来，留待后人去解决。

刘徽具有高度的抽象概括能力。他善于在深入实践的基础上精炼出一般的数学原理，并解决了许多重大的理论性问题。后人把刘徽的数学成就集中起来，认为他为我国古代数学在世界上取得了 10 个领先，它们是：①他最早提出了分数除法法则。②他最早给出最小公倍数的严格定义。③他最早应用小数。④他最早提出非平方数开方的近似值公式。⑤他最早提出负数的定义及加法法则。⑥他最早把比例和"三数法则"结合起来。⑦他最早提出一次方程的定义及完整解法。⑧他最早创造出割圆术，计算出圆周率即"徽率"。⑨他最早用无穷分割法证明了圆锥体的体积公式。⑩他最早创造"重差术"，解决了可望而不可即目标的测量问题。

重 差 术

《九章算术》中《勾股》章的最后几个问题，乃是测量城池、山高和井深之的测量问题，这种测量方法称为"重差术"。刘徽为了解释"重差术"，便撰写《重差》一卷，附在《九章算术》中《勾股》章之后，到了唐初，这一部分才被人从《九章算术》中抽出来，成为一部独立的著作。因为它的第一题是关于测量海岛的高和远的问题，故更名为《海岛算经》。

神奇的 6174

给定自然数 6174，我们把各位数字从大到小重新排列，得到 7641，这是由 6，1，7，4 组成的四位数中的最大者；再把各位数字从小到大重新排列，得到 1467，这是由 6，1，7，4 组成的四位数中的最小者。奇怪的是上述两数相减 7641－1467＝6174，竟又得到了 6174。这真是奇怪的事！

然而更奇怪的是：任意给定一个四位数字不全相同的四位数 M，把它的数字按递减顺序排列得 M1，再按递增顺序排列得 M2。两者相减得差 D1＝M1－M2；我们再对四位数字 D1 进行上述过程，得 D2；……如此下去，至多进行七次上述过程，一定会得到 6174。不信的话，请随便拿个四位数（注意：4 个数位上的数字不全相同）来试一下。

例如，设 $M=4815$

第一次：$8541-1458=7083$

第二次：$8730-0378=8352$

第三次：$8532-2358=6174$。

这个有趣的性质你能证明吗？有兴趣的读者可以试一下。

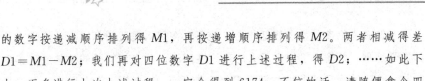

博学多能的科学巨匠祖冲之

在浩瀚的夜空里有一颗小行星，在遥远的月亮背面上有一座环形山，它们都是以我国古代一位科学家的名字来命名的。他就是祖冲之（429—500），我国南北朝时代杰出的数学家、天文学家和机械制造专家。

祖冲之出生在一个世代对天文历法都有所研究的家庭，受环境熏陶他自幼就对数学和天文学有着非常浓厚的兴趣。《宋书·律历志》中对祖冲之有这样的自述："臣少锐愚，尚专攻数术，搜练古今，博采沈奥。后将夏典，莫不摸量，周正汉朔，咸加该验……此臣以俯信偏识，不虚推古人者也……"由此可见，祖冲之从小时起便搜集、阅读了前人的大量数学文献，并对这些资料进行了深入系统的研究，坚持对每步计算都做亲身的考核验证，不被前人的成就所束缚，纠正其错误同时加之自己的理解与创造，使得他在以下三方面对我国古代数学有着巨大的推动：

一是圆周率的计算。他算得 3.141 592 6＜π＜3.141 592 7 且取为密率。π 的取值范围及密率的计算都领先国外千余年。

二是球体积的计算。祖冲之与他的儿子祖暅一起找到了球体积的计算公式。这其中所用到的"祖暅原理"、"幂势既同则积不容异"，即等高处横截面积都相等的两个几何体的体积必相等，直到 1 100 年后，意大利数学家卡瓦利里才提出与之有相仿意义的公理。

三是注解《九章算术》，并著《缀术》。《缀术》在唐代作为数学教育的

课本，以"学官莫能究其深奥"而著称，可惜这部珍贵的典籍早已失传。

祖冲之在数学上的这些成就，使得这个时期在数学的某些方面"中国人不仅赶上了希腊人"，甚至领先他们 1 000 年。从祖冲之逝世至今已有 1 500 多年了，祖冲之的科学成就对我们中学生又有什么样的启示呢？

首先，我们应学习他"按练古今，博采沈奥"的治学方法和精神。比如，祖冲之曾对《九章算术》做过注解，这不仅需要阅读前人留下的大量文献资料，而且要对别人的成果进行深入的思考与分析，才能为自己所用。在我们的学习过程中，既要认真学好课本上的基础知识，并广泛阅读以开阔眼界，又要多思多想多动手，同时注重与他人的交流。这样我们才能把书本上的知识变成自己头脑中的知识，使他人成功的经验为己所用。

其次，我们要学习祖冲之"不虚推古人"的态度，时刻有创新的意识。在 π 的计算史上，刘歆、张衡及刘徽都曾得到非常出色的结果，他们所用的算法也是当时世界上极为先进的。但祖冲之并不满足于前人已有的结果，他在刘徽割圆术的基础上"更开密法"，计算出 π 位于 3.1415926 与 3.1415927 之间，直到千年以后外国数学家才求出更精确的数值。何承天曾得到圆周率的约率，祖冲之更进一步得到密率（日本学者三上义夫把它定名为"祖率"），所用的算法已"走上了近代渐近值论的大道"。祖冲之对 π 的计算过程对我们可以有这样的启示：凡事不应满足前人已有的成果，停步不前，创新意识要时刻存在于我们的头脑中。

最后，我们应该学习祖冲之那种坚韧不拔的毅力与不怕吃苦的精神。祖冲之坚持对前人的结果"咸加核验"，付出了巨大的劳动。正是因为他这种严谨的治学态度及坚韧不拔的毅力，才算出了名垂千古的圆周率及祖率，才写出了《缀术》。今天，我们如果有他这样的精神与毅力，学习定会更加出色，做任何事的结果都将是"成功"。

特别地，我们可以从祖冲之身上看到数学是非常有用的。祖冲之曾编制《大明历》，导致历史上有名的历法改革，这是他用数学研究天文学的最大成果。中国古代的数学最大的特点就是实用思想，祖冲之继承了这一传统。今天的世界是高科技的时代，高科技的发展更是离不开数学。生活中的事物总是与数学相关的，只要用心我们就会发现数学无处不在，关键在于是否具有用数学的意识。

华罗庚先生在 1964 年曾说："祖冲之虽已去世一千四百多年，但他的广泛吸收古人成就而不为其所拘泥、艰苦劳动、勇于创造和敢于坚持真理的精神，仍旧是我们应当学习的榜样。"公元 2000 年恰逢这位伟大的先人逝世 1500 周年，在纪念他的同时，特别需要以他的科学精神与方法勉励我们不断进步，以新的进取创新的精神推进中华民族的伟大复兴。

祖暅原理

祖暅原理也就是"等积原理"。内容是：夹在两个平行平面间的两个几何体，被平行于这两个平行平面的平面所截，如果截得两个截面的面积总相等，那么这两个几何体的体积相等。这一原理主要应用于计算一些复杂几何体的体积上面。在西方，直到 17 世纪，才由意大利数学家卡发雷利发现。于 1635 年出版的《连续不可分几何》中，提出了等积原理，所以西方人把它称之为"卡发雷利原理"。其实，他的发现比我国的祖暅晚 1100 多年。

刻在墓碑上的 π

为了计算圆周率的精确值，数学家们花费了不知多少精力才得到圆周率的精确数值。在这些许许多多的数学家中有个叫鲁道夫的德国数学家。

开始，他将圆周率算到小数点后 15 位，可一点儿循环的迹象也没有，于是他继续往下算，最终花了毕生的精力把圆周率算到小数点后 35 位，仍然没有发现循环的迹象。

鲁道夫的工作价值就在于人们开始从反面思考一个问题：算了那么多位，仍然没有发现循环的迹象，会不会根本不是循环小数呢？后来果然证实了这一点：圆周率是一个无限不循环的小数。

鲁道夫逝世以后，人们为了纪念他，给他造坟立碑。墓碑上并没有颂文挽词，却刻上了他以毕生精力求出的圆周率的近似值：3.14159265358979323846 264338327950288……在鲁道夫的祖国，人们把这一数值叫鲁道夫数。

"几何之父"欧几里得

欧几里得大约生于公元前325年，他是古希腊数学家，他的名字与几何学结下了不解之缘，他因为编著《几何原本》而闻名于世，但关于他的生平事迹知道的却很少，他是亚历山大学派的奠基人。早年可能受教于柏拉图，应托勒密国王的邀请在亚历山城大授徒。

最早的几何学兴起于公元前7世纪的古埃及，后经古希腊等人传到古希腊的都城，又借毕达哥拉斯学派系统奠基。在欧几里得以前，人们已经积累了许多几何学的知识，然而这些知识当中，存在一个很大的缺点和不足，就是缺乏系统性。大多数是片断、零碎的知识，公理与公理之间、证明与证明之间并没有什么很强的联系性，更不要说对公式和定理进行严格的逻辑论证和说明。因此，随着社会经济的繁荣和发展，特别是随着农林畜牧业的发展、土地开发和利用的增多，把这些几何

欧几里得

学知识加以条理化和系统化，成为一整套可以自圆其说、前后贯通的知识体系，已经是刻不容缓，成为科学进步的大势所趋。欧几里得通过早期对柏拉图数学思想，尤其是几何学理论系统而周详的研究，已敏锐地察觉到了几何学理论的发展趋势。他下定决心，要在有生之年完成这一工作。为了完成这一重任，欧几里得不辞辛苦，长途跋涉，从爱琴海边的雅典古城，来到尼罗河流域的埃及新埠——亚历山大城，为的就是在这座新兴的，但文化蕴藏丰富的异域城市实现自己的初衷。在此地的无数个日日夜夜里，他一边收集以往的数学专著和手稿，向有关学者请教，一边试着著书立说，

阐明自己对几何学的理解，哪怕是尚肤浅的理解。经过欧几里得忘我的劳动，终于在公元前300年结出丰硕的果实，这就是几经易稿而最终定形的《几何原本》一书。这是一部传世之作，几何学正是有了它，不仅第一次实现了系统化、条理化，而且又孕育出一个全新的研究领域——欧几里得几何学，简称欧氏几何。

全书共分13卷。书中包含了5条"公理"、5条"公设"、23个定义和467个命题。在每一卷内容当中，欧几里得都采用了与前人完全不同的叙述方式，即先提出公理、公设和定义，然后再由简到繁地证明它们。这使得全书的论述更加紧凑和明快。而在整部书的内容安排上，也同样贯彻了他的这种独具匠心的安排。它由浅到深，从简至繁，先后论述了直边形、圆、比例论、相似形、数、立体几何以及穷竭法等内容。其中有关穷竭法的讨论，成为近代微积分思想的来源。仅仅从这些卷帙的内容安排上，我们就不难发现，这部书已经基本囊括了几何学从公元前7世纪的古埃及，一直到公元前4世纪——欧几里得生活时期——前后总共400多年的数学发展历史。这其中，颇有代表性的便是在第1卷到第4卷中，欧几里得对直边形和圆的论述。正是在这几卷中，他总结和发挥了前人的思维成果，巧妙地论证了毕达哥拉斯定理，也称"勾股定理"。即在一直角三角形中，斜边上的正方形的面积等于两条直角边上的两个正方形的面积之和。他的这一证明，从此确定了勾股定理的正确性并延续了2 000多年。

《几何原本》是一部在科学史上千古流芳的巨著。它不仅保存了许多古希腊早期的几何学理论，而且通过欧几里得开创性的系统整理和完整阐述，使这些远古的数学思想发扬光大。它开创了古典数论的研究，在一系列公理、定义、公设的基础上，创立了欧几里得几何学体系，成为用公理化方法建立起来的数学演绎体系的最早典范。照欧氏几何学的体系，所有的定理都是从一些确定的、不需证明而礴然为真的基本命题即公理演绎出来的。在这种演绎推理中，对定理的每个证明必须或者以公理为前提，或者以先前就已被证明了的定理为前提，最后做出结论。这一方法后来成了用以建立任何知识体系的严格方式，人们不仅把它应用于数学中，也把它应用于科学，而且也应用于神学甚至哲学和伦理学中，对后世产生了深远的影响。

亚历山大城

　　亚历山大城也称亚历山大港，始建于公元前332年，是按其奠基人亚历山大大帝命名的，作为当时马其顿帝国埃及行省的总督所在地。亚历山大大帝死后，埃及总督托勒密在这里建立了托勒密王朝，加冕为托勒密一世。亚历山大成为埃及王国的首都，并很快就成为古希腊文化中最大的城市。在西方古代史中其规模和财富仅次于罗马。但埃及的伊斯兰教统治者在奠定了开罗为埃及的新首都后亚历山大港的地位不断下降。

 延伸阅读

"没有专为国王铺设的大道"

　　在柏拉图学派晚期导师普罗克洛斯的《几何学发展概要》中，就记载着这样一则故事，说的是数学在欧几里得的推动下，逐渐成为人们生活中的一个时髦话题（这与当今社会截然相反），以至于当时亚历山大国王托勒密也想赶这一时髦，学点儿几何学。虽然这位国王见多识广，但欧氏几何却令他学得很吃力。于是，他问欧几里得"学习几何学有没有什么捷径可走"，欧几里得笑道："抱歉，陛下！学习数学和学习一切科学一样，是没有什么捷径可走的。学习数学，人人都得独立思考，就像种庄稼一样，不耕耘是不会有收获的。在几何学里，没有专为国王铺设的大道。"从此，最后这句话成为千古传诵的学习箴言。

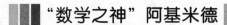

"数学之神"阿基米德

最完美的发明——数学

在古希腊后期，又出现了一位最伟大的科学家，他就是阿基米德（前287—前212年）。他正确地得出了球体、圆柱体的体积和表面积的计算公式，提出了抛物线所围成的面积和弓形面积的计算方法。

最著名的还是求阿基米德螺线（$\rho = a \times \theta$）所围面积的求法，这种螺线就以阿基米德的名字命名。

阿基米德还求出圆周率的值为 $3\frac{10}{71} < \pi < 3\frac{1}{7}$，他还用圆锥曲线的方法解出了一元三次方程，并得到正确答案。

阿基米德撬地球雕塑

阿基米德还是微积分的奠基人。他在计算球体、圆柱体和更复杂的立体的体积时，运用逐步近似而求极限的方法，从而奠定了现代微积分计算的基础。

最有趣的是阿基米德关于体积的发现：有一次，阿基米德的邻居的儿子詹利到阿基米德家的小院子玩耍。詹利很调皮，也是个很讨人喜欢的孩子。

詹利仰起通红的小脸说："阿基米德叔叔，我可以用你圆圆的柱子作教堂的立柱吗？"

"可以。"阿基米德说。

小詹利把这个圆柱立好后，按照教堂门前柱子的模型，准备在柱子上加上一个圆球。他找到一个圆柱，由于它的直径和圆柱体的直径和高正好相等，所以球"扑通"一下掉入圆柱体内，倒不出来了。

于是，詹利大声喊叫阿基米德，当阿基米德看到这一情况后，思索着：

圆柱体的高度和直径相等，恰好嵌入的球体不就是圆柱体的内接球体吗？

但是怎样才能确定圆球和圆柱体之间的关系呢？这时小詹利端来了一盆水说："对不起，阿基米德叔叔，让我用水来给圆球冲洗一下，它会更干净的。"

阿基米德眼睛一亮，抱着小詹利，慈爱地说："谢谢你，小詹利，你帮助解决了一个大难题。"

阿基米德把水倒进圆柱体，又把内接球放进去；再把球取出来，量量剩余的水有多少；然后再把圆柱体的水加满，再量量圆柱体到底能装多少水。

这样反复倒来倒去地测试，他发现了一个惊人的奇迹：内接球的体积，恰好等于外包的圆柱体的容量的 2/3。

他欣喜若狂，记住了这一不平凡的发现：圆柱体和它内接球体的比例，或两者之间的关系，是 3：2。

他为这个不平凡的发现而自豪，他嘱咐后人，将一个有内接球体的圆柱体图案，刻在他的墓碑上作为墓志铭。

阿基米德的惊人才智，引起了人们的关注和敬佩。朋友们称他为"阿尔法"，即一级数学家（α——阿尔法，是希腊字母中第一个字母）。

阿基米德作为"阿尔法"，当之无愧。所以 20 世纪数学史学家 E·T·贝尔说："任何一张列出有史以来三个最伟大的数学家的名单中，必定包括阿基米德。"

阿基米德的思想方法——无穷小分析，欧洲民族经过了两千年后才达到了他的数学水平，他被人们称为"数学之神"，反映了后人对他的尊敬与认可。

知识点

阿基米德螺线

为解决用尼罗河水灌溉土地的难题，他发明了圆筒状的螺旋扬水器，后人称它为"阿基米德螺旋"。阿基米德螺线（阿基米德曲线），亦称"等速螺线",首次由阿基米德在著作《论螺线》中给出了定义:当一点 P 沿动射线 OP 以等速率运动的同时,该射线又以等角速度绕点 O 旋转,点 P 的轨迹称为"阿基米德螺线"。阿基米德螺线在凸轮设计、车床卡盘设计、涡旋弹簧、螺纹、蜗杆设计中应用较多。被称做"阿基米德螺旋"的扬水机,至今仍在埃及等地使用。

延伸阅读

宇宙沙粒知多少

在《圣经》中,海中的沙粒被认为是不可数的,这也就是原始的无穷多的概念。可是阿基米德就提出过异议,他专门写了一本书,书名称《计沙术》,其中写道:"有人认为沙粒是不可数的,我所说的沙粒不仅是叙拉古的和西西里岛其他地方的沙粒,而且所有地方的沙粒,不管这个地方有人还是没人居住。还有的人不认为沙粒是无穷多的,他不相信比沙粒数还大的数已经命名……但是我力图用几何的论据来证明,在我给宙希波的信中所命名的那些数里面,有的数不仅比地球上的沙粒数目还大,而且比全宇宙的沙粒数目还大。"

这样一来,人们必须来对付大数,而在位值制还没有很好建立的时代,就得给每个 10 的幂次一个特殊的名称。在这方面,印度走得最远,其中许多随佛教传到中国和日本,从个、十、百、千、万出发,又有表示大数的特殊词汇,亿、兆、京、核之外又有多种多样的表示,例如极 $=10^{48}$ (也就是 1 后面有 48 个 0),恒河沙 $=10^{52}$,阿增祇 $=10^{56}$,那么它 $=10^{60}$,不可思议 $=10^{64}$,无穷大数极 $=10^{58}$,印度大数到此为止了。写完无穷大一方,还有无穷小一方,除了分、厘、毫、丝、忽、微之外一直到虚 $=10^{-20}$,空 $=10^{-21}$,清 $=10^{-22}$,净 $=10^{-23}$,1 立方厘米只有 1 个分子当然够清净的。

"代数之父"韦达

弗朗索瓦·韦达（1540—1603），法国数学家，16世纪最有影响的数学家之一，被尊称为"代数学之父"。

韦达致力于数学研究，第一个有意识地和系统地使用字母来表示已知数、未知数及其乘幂，带来了代数学理论研究的重大进步。韦达讨论了方程根的各种有理变换，发现了方程根与系数之间的关系（所以人们把叙述一元二次方程根与系数关系的结论称为"韦达定理"）。

韦达从事数学研究只是出于爱好，然而他却完成了代数和三角学方面的巨著。他的《应用于三角形的数学定律》（1579年）是韦达最早的数学专著之一，可能是西欧第一部论述6种三角形函数解平面和球面三角形方法的系统著作。

《分析方法入门》是韦达最重要的代数著作，也是最早的符号代数专著，书中第1章应用了两种希腊文献：帕波斯的《数学文集》第7篇和丢番图著作中的解题步骤结合起来，认为代数是一种由已知结果求条件的逻辑分析技巧，并自信希腊数学家已经应用了这种分析术，他只不过将这种分析方法重新组织。韦达不满足于丢番图对每一问题都用特殊解法的思想，试图创立一般的符号代数。他引入字母来表示量，用辅音字母 B、C、D 等表示已知量，用元音字母 A（后来用过 N）等表示未知量，而用 A quadratus，A cubus 表示 x^2、x^3，并将这种代数称为本"类的运算"以此区别于用来确定数目的"数的运算"。当韦达提出类的运算与数的运算的区别时，就已规定了代数与算术的分界。这样，代数就成为研究一般的类和方程的学问，这种革新被认为是数学史上的重要进步，它为代数学的发展开辟了道路，因此韦达被西方称为"代数学之父"。

1593年，韦达又出版了另一部代数专著——《分析五篇》，说明了怎样用直尺和圆规作出导出某些二次方程的几何问题的解。

《论方程的识别与订正》是韦达逝世后由他的朋友 A·安德森在巴黎出版的，但早在1591年业已完成。其中得到一系列有关方程变换的公式，给出了 G·卡尔达诺三次方程和 L·费拉里四次方程解法改进后的求解公式。

此外，韦达最早明确给出有关圆周率 π 值的无穷运算式，而且创造了一套 10 进分数表示法，促进了记数法的改革。之后，韦达用代数方法解决几何问题的思想由笛卡儿继承，发展成为解析几何学。韦达从某个方面讲，又是几何学方面的权威，他通过 393416 个边的多边形计算出圆周率，精确到小数点后 9 位，在相当长的时间里处于世界领先地位。

韦达还专门写了一篇论文《截角术》，初步讨论了正弦、余弦、正切弦的一般公式，首次把代数变换应用到三角学中。他考虑含有倍角的方程，具体给出了将 $\cos(nx)$ 表示成 $\cos(x)$ 的函数并给出当 $n \leqslant 11$ 等于任意正整数的倍角表达式了。韦达还探讨了代数方程数值解的问题，1600 年以《幂的数值解法》为题出版。

知识点

卡尔达诺

卡尔达诺（1501—1576），意大利文艺复兴时期百科全书式的学者，主要成就在数学、物理、医学方面。名字的英文拼法为 Jerome Cardan，所以也称卡当，常以此通用，例如解一般三次方程的"卡当公式"等。

卡尔达诺最重要的数学著作是 1545 年在纽伦堡出版的《大术》，该书系统给出代数学中的许多新概念和新方法。例如：三、四次代数方程的一般解法；确认高于一次的代数方程多于一个根；已知方程的一个根将原方程降阶；方程的根与系数间的某些关系；利用反复实施代换的方法求得数值方程的近似解；解方程中虚根的使用等等。其中在数学史上较为重要而又颇有争议的是三次代数方程的一般解法。

打赌赢得的友谊

相传有一次，一位荷兰大使来法国访问，他向法国国王亨利四世夸口说，法国没有一个数学家能解决他们国家的数学家罗芒乌斯提出的需要解45次方程的问题。韦达听到后，非常生气，他立即去拜访这位大使，因为韦达当时在官廷里担任亨利四世的顾问。他和趾高气扬的荷兰大使打赌1 000法郎，他把这个方程看了看，立即发现了它与三角学有很大的联系，没用几分钟就给出了两个根，一个上午给出了21个根，虽然他发现了负根，但他不承认负根的存在。最后他不但赢得了1 000法郎，反而向荷兰的罗芒乌斯提出了挑战，他提出的问题是看谁能最早解决"阿波罗尼奥斯问题"，即做一个圆与三个给定圆相切的问题。这下罗芒乌斯傻眼了，因为他一直用欧几里得工具来求做，怎么也做不出来。后来，他听说韦达的解法非常科学，不远千里来拜访韦达，从此他们俩建立了亲密的友谊，在数学界传为佳话。

解析几何的创立者笛卡儿

　　1596年3月31日，笛卡儿在法国一个名叫拉哈耶的小城里诞生了。他出世刚几天，母亲就溘然长逝，留下一个虚弱多病的孩子几乎夭折，幸亏保姆悉心照料，才得以转危为安。笛卡儿从小就十分喜欢科学，在家中，他最爱听父亲讲一些科学发明的故事，并喜欢寻根究底地问个明白。他父亲很懂儿童教育法，他见小笛卡儿体弱多病，爱沉思默想，就让他自己随心所欲去学习，不加任何限制。8岁那年，父亲便把他送到国王亨利四世创办的最好的学校之一——拉弗莱希学校读书。学校里功课繁重，校规很严，主要学科是神学、教会的哲学，其次也学数学。

　　说起笛卡儿投身数学，那完全是出于一个偶然的机会。有一次部队到达荷兰南部的一个小城市布勒达。一天笛卡儿正在街上散步，看见一群人围住路旁的一张招贴议论纷纷，他怀着一颗好奇心凑上前去。招贴是用当地的佛来米语书写的，笛卡儿一点儿也看不懂。不过从人们纷纷的议论中，他大致听出了这是解数学难题的一场公开挑战。笛卡儿的心里痒痒的，他非常希望能了解题目的意思！这种跃跃欲试的举动被他旁边的一位中年人发觉了，中年人用法语主动问道："小伙子，你愿意解答这几道数学题吗？"

　　"我很想试一下，尊敬的先生，然而我看不懂这些文字。"

"这很容易，如果你愿意拿去解答的话，我替你翻译。"

　　中年人用怀疑的目光看着这位年轻的士兵，他从年轻人那明亮的双眸中似乎看到一种自信和力量，于是迅速地用法文译出了招贴上的全部内容，交给了笛卡儿。

　　第二天，笛卡儿兴冲冲地把答案交给了那个中年人。中年人看了笛卡儿的解答后十分惊奇：多么巧妙的解题方法，准确无误的计算，这些解答完全说明这位年轻的士兵在数学方面的造诣不浅。原来这位中年人就是当时最著名的数学家别克曼教授，笛卡儿很早就阅读过他的著作，但是一直没有机会认识他。从这以后，笛卡儿就在别克曼教授的指导下开始了对数学的研究。

　　笛卡儿在数学上的杰出贡献主要是将代数和几何巧妙联结在一起，从而创造了解析几何这门新数学分支。

　　几何　　这门从古希腊时代就产生并经过欧几里得总结的学科，它经过两千年来无数个数学家们的不断完善，就像一座雄伟的宫殿高耸在数学王国之中。笛卡儿非常喜欢这座宫殿，在这里的每一个证明题就像一颗颗闪光的珍珠叫人爱不释手。然而笛卡儿发现，人们只能一颗颗地把这些珠子捡起，却很难用线将这些各具特色的珠子都串起来。当时的代数，由于数学家们片面地强调"形式的美和协调性"，因此被法则和公式锁得死死的，人们往往只能在狭隘的领域里徘徊。笛卡儿批评当时的代数是"一种充满混杂与晦暗，故意用来阻碍思想的艺术，而不像一门改进思想的科学"。笛卡儿主张让代数和几何中一切最美好的东西互相取长补短，于是他开始着手寻找一种能让代数和几何联结的新方法。

　　1619年在多瑙河畔的军营中，笛卡儿开始用大部分时间来思考他在数学领域里的新想法：是不是可以用代数中的计算过程来代替几何中的证明呢？要想这样做就必须找到一座能连接几何和代数的桥梁——使几何图形数值化，从而能用计算的方法加以解决。在那些日子里，笛卡儿的思维一直处于一种高度的兴奋状态。奇迹终于出现了，11月10日晚上，笛卡儿躺在床上迷迷糊糊地进入了梦乡。他梦见自己用金钥匙打开了欧几里得的数学宫殿的大门，遍地的珍珠光彩夺目。他拿起一根线刚把珠子串了起来，线突然断了，珠子撒了一地。突然，这些珠子都不见了，宫殿里顿时空旷如坪。这时，他看见窗前一只黑色的苍蝇在疾飞着，眼前留下苍蝇飞过的

最完美的发明——数学

痕迹——一条条的斜线和各种形状的曲线。这些不正是他最近全力研究的直线和曲线吗？笛卡儿呆住了。一会儿苍蝇停住了，在眼前留下一个深深的小黑点。笛卡儿从梦中惊醒过来，脑海中还不时浮现出梦中的情景，让他异常兴奋，使他难以入睡。突然，笛卡儿悟出了这其中的奥妙：苍蝇的位置不是可以由窗框两边的距离来确定吗？苍蝇疾飞时留下的痕迹不正是说明直线和曲线都可以由点的运动而产生吗？笛卡儿兴奋极了，一骨碌爬起来，拿笔计算。在他的回忆录中这样写道："第二天，我开始懂得这一惊人发现的基本原理。"这就是他建立解析几何的重要线索。

笛卡儿用两条互相垂直并且相交于原点的数轴作为基准，将平面上的点的位置确定下来，这就是后来人们所说的笛卡儿坐标系。笛卡儿坐标系的建立，为用代数的方法研究几何而架设了桥梁。它使几何中点（P）的位置，能和有次序的两个实数（x, y）一一对应。坐标系里点的坐标连续不断地变化，在平面上的直线和曲线就可以用方程 $y=f(x)$ 来表示。

1637 年笛卡儿出版了《更好地指导推理和寻求科学真理的方法论》一书，其中在附录《几何》部分出现了关于坐标几何，也就是现在称为解析几何的内容。虽然在今天看来还是很不完备，然而难能可贵的是他引入了一种新思想，将代数和几何巧妙地结合起来，开始了数学的一次根本性的变革。

从此，常量数学发展到变量数学，微积分也就跟着产生了。解析几何的创立，成为数学发展史中的一个转折点。正如 18 世纪的数学家拉格朗日说的那样："只要代数同几何分道扬镳，它们的进展就缓慢，它们的应用领域就不会宽广；但是当这两门科学结成伙伴时，它们就互相吸取新鲜的活力，从那以后就以快速的步伐走向完善。"的确，17 世纪以后，数学的巨大发展在很大程度上应归功于笛卡儿的解析几何。它改变了科学的历史进程，也为笛卡儿赢得了巨大的荣誉。

多瑙河

多瑙河在欧洲仅次于伏尔加河，是欧洲第二长河。它发源于德国西南部的黑林山的东坡。它流经9个国家，是世界上干流流经国家最多的河流，最后在罗马尼亚东部的苏利纳注入黑海，全长2 850千米，流域面积81.7万平方千米。

多瑙河在中欧和东南欧的拓居移民和政治变革方面都发挥过极其重要的作用。它两岸排列的城堡和要塞形成了伟大帝国之间的疆界，而其水道却充当了各国间的商业通衢。在20世纪，它仍继续发挥作为贸易大动脉的作用。多瑙河（特别是上游沿岸）已被利用生产水电，沿岸城市（包括一些国家首都，如奥地利的维也纳、匈牙利的布达佩斯和塞尔维亚的贝尔格勒）都靠它发展经济。

解析几何的另一创立者费尔马

在数学史上，和笛卡儿同时代的费尔马也是解析几何的创建者之一。费尔马是一个业余数学家。他好静成癖，对自己的"著作"也无意发表，但从他的通信中知道，他早在笛卡儿发表的《几何学》以前，就已经写了关于解析几何的小文，那时，他就有了解析几何的思想。他和笛卡儿一样，提出了用方程来表示曲线，并通过这些方程的研究来推断曲线的性质。

费尔马和笛卡儿两人开始曾互相争论和指责，所争之点大都是笛卡儿论点中难懂之处，后来通过争论，互相了解，共同探讨终于互相敬慕，成为好友，传为数学史上一段佳话。

"业余数学家之王"费马

费马（1601—1665），法国人，是一个业余的数学爱好者，利用公务之余钻研数学。他在数论、解析几何、概率论方面贡献极大，被誉为"业余数学家之王"。

费马性情好静，他写著作并不是为了发表，直到去世后，人们才把他写在书页的空白处以及给朋友的书信中的论述收集起来，编辑成书。

16、17 世纪，微积分是继解析几何之后的最璀璨的明珠。人所共知，牛顿和莱布尼茨是微积分的缔造者，并且在其之前，至少有数十位科学家为微积分的发明做了奠基性的工作。但在诸多先驱者当中，费马仍然值得一提，费马建立了求切线、求极大值和极小值以及定积分方法，对微积分作出了重大贡献。他为微积分概念的引出提供了与现代形式最接近的启示，以致于在微积分领域，在牛顿和莱布尼茨之后再加上费马作为创立者，也会得到数学界的认可。

早在古希腊时期，偶然性与必然性及其关系问题便引起了众多哲学家的兴趣与争论，但是对其有数学的描述和处理却是 15 世纪以后的事。16 世纪早期，意大利出现了卡尔达诺等数学家研究骰子中的博弈机会，在博弈的点中探求赌金的划分问题。到了 17 世纪，法国的帕斯卡和费马研究了意大利的帕乔里的著作《摘要》，建立了通信联系，从而建立了概率学的基础。

对于费马，最有名的论断就是"费马大定理"了。

费马对不定方程极感兴趣，他在古代数学家丢番图的《算术》这本书上写下了不少的注记，在第二卷问题 8 "给出一个平方数，把它表示为两个平方数的和"的那页空白处，他写道："另一方面，一个立方不可能写成两个立方的和，一个四次方不可能写成两个四次方的和。一般地，每个大于 2 的幂不可能写成两个同次幂的和。"

即，在 $n > 2$ 时，$x^n + y^n = z^n$ 没有正整数解。

这就是举世闻名的费马大定理。"关于这个命题"，费马接着说："我有一个极为奇妙的证明，但这里的空白太小了，写不下。"至于这个"奇妙的证明"到底存在不存在，也是值得怀疑的，因为人们翻遍了他的所有遗物，也没有发现有关这个问题的只言片字。从那以后，几个世纪以来，数学家们为寻找那奇妙的证明而竭尽全力，至今仍未能攻克，因此，人们怀疑费马不过是说大话罢了。

在这场战斗中，走在最前列的是已经双目失明的欧拉。欧拉首先以 $n = 3$，$n = 4$ 为突破口，用费马发明的"无限递降法"来证明费马大定理的特例成立。这种方法的实质是：设已知方程中有一正整数解，那么就可以找出更小的一组正整数解，再用同样的论证，这个过程可以无限地重复下去。因为解全是整数，因此不可能无限制地重复下去，因此，这方程无整数解。

欧拉以后尽管付出了很大的代价，但没有进展。在以后的 90 多年间，尽管许多数学家企图证明"大定理"，但成效甚微，只解决了 $n=5$ 和 $n=7$ 的情况。

1857 年，突然传来振奋人心的消息，德国数学家库麦尔根据长期研究，做出了惊人的结论："在小于 100 的奇质数中，除了 37、59、67 之外，费马大定理成立。"这是个开拓性的工作，巴黎科学院授与他 3 000 法郎的奖金。

1908 年，德国哥廷根科学院准备以 10 万马克的巨额奖金，奖给最先完全证得这一定理的人。一场空前的风暴席卷了欧洲数学界，当时主管这方面工作的人员曾描述道："整个城市沸腾了，成千上万的教师、学生、市民……都卷了进来，人们着了迷……"

在这阵人流中，毫无例外，所有的证明方法都忽视前人的工作，不去研究题目困难的所在。有很多人是肤浅无聊之辈，大多数的证明根本算不上证明，其中的错误荒唐可笑，没有一家严肃的杂志同意刊登这样的证明。然而这些作者还不承认错误。

知识点

数 论

数论就是指研究整数性质的一门理论。整数的基本元素是素数，所以数论的本质是对素数性质的研究。2000 年前，欧几里得证明了有无穷个素数。寻找一个表示所有素数的素数通项公式，或者叫素数普遍公式，是古典数论最主要的问题之一。它是和平面几何学同样历史悠久的学科。高斯誉之为"数学中的皇冠"按照研究方法的难易程度来看，数论大致上可以分为初等数论（古典数论）和高等数论（近代数论）。

费马在光学上的贡献

费马在光学上突出的贡献是提出最小作用原理，也叫最短时间作用原理。这个原理的提出源远流长。早在古希腊时期，欧几里得就提出了光的直线传播定律和反射定律。后由海伦揭示了这两个定律的理论实质——光线取最短路径。经过若干年后，这个定律逐渐被扩展成自然法则，并进而成为一种哲学观念。一个更为一般的"大自然以最短捷的可能途径行动"的结论最终得出来，并影响了费马。费马的高明之处则在于变这种的哲学的观念为科学理论。

费马同时讨论了光在逐点变化的介质中行进时，其路径取极小的曲线的情形，并用最小作用原理解释了一些问题。这给许多数学家以很大的鼓舞。尤其是莱昂哈德·欧拉，竟用变分法技巧把这个原理用于求函数的极值。

伟大的天才——牛顿

牛顿于 1643 年 1 月 4 日出生于英格兰林肯郡。1661 年牛顿进入了剑桥大学。在剑桥大学，学校设立了"鲁卡斯数学讲座"，一位名叫巴罗的学者担任教授。巴罗十分钟爱牛顿，他细心地教牛顿攻读欧几里得、开普勒和伽利略等人的著作，后来到牛顿 26 岁时，又推荐他当了鲁卡斯数学讲座的第二任教授。对牛顿来说，巴罗是他一生中唯一的恩师，最大的支持者。

1665 年，22 岁的牛顿大学毕业，留在了大学研究室。就在这时，鼠疫恶性蔓延，剑桥大学也因此而停课两年。牛顿不得不回到了故乡。但这两年是不平凡的两年，是近代科学史上极光辉的两年。因为牛顿后来发表的三大发现，都是在这两年里萌生的。

1669 年牛顿被授予卢卡斯数学教授职位。在那一天以前，剑桥或牛津的所有成员都是经过任命的圣公会牧师。不过，卢卡斯教授之职的条件要求其持有者不得活跃于教堂（大概是如此可让持有者把更多时间用于科学研究上）。牛顿认为应免除他担任神职工作的条件，这需要查理二世的许可，后者接受了牛顿的意见。这样避免了牛顿的宗教观点与圣公会信仰之间的冲突。

牛顿在 1687 年 7 月 5 日发表的不朽著作《自然哲学的数学原理》里用数学方法阐明了宇宙中最基本的法则——万有引力定律和三大运动定律。这 4 条定律构成了一个统一的体系，被认为是"人类智慧史上最伟大的一个成就"，由此奠定了之后 3 个世纪中物理界的科学观点，并成为现代工程学的基础。

牛顿一生的三大发现是：微积分法、白色光的组成、万有引力定律。

微积分，是微分和积分的合称。微分描述物体运动的局部性质，积分描述物质运动的整体性质。例如，在物质做直线运动时，由运动规律求某一瞬间的运动速度的方法，叫做微分法，简称微分；由某一瞬间的运动速度求物体运动的全部路程的方法，叫做积分法，简称积分。微积分的出现，是变量数学的开端，它标志着古老的数学进入了崭新的变量阶段。牛顿把他的微积分论文送给巴罗教授，请他指教。巴罗看后大加赞赏。但可惜的是，这篇论文在巴罗的抽屉里压了长达 40 年之久。它的公布是在 40 年之后牛顿的著作《光学》的附录中出现的。在这期间，德国数学家莱布尼茨宣布发现了微积分，因此后来发生了究竟谁先发明微积分的问题。

大多数现代历史学家都相信，牛顿与莱布尼茨独立发展出了微积分学，并为之创造了各自独特的符号。根据牛顿周围的人所述，牛顿要比莱布尼茨早几年得出他的方法，但在 1693 年以前他几乎没有发表任何内容，并直至 1704 年他才给出了其完整的叙述。其间，莱布尼茨已在 1684 年发表了他的方法的完整叙述。此外，莱布尼茨的符号和"微分法"被欧洲大陆全面地采用，在大约 1820 年以后，英国也采用了该方法。莱布尼茨的笔记本记录了他的思想从初期到成熟的发展过程，而在牛顿已知的记录中只发现了他最终的结果。牛顿声称他一直不愿公布他的微积分学，是因为他怕被人们嘲笑。牛顿与瑞士数学家尼古拉·法蒂奥·丢勒的联系十分密切，后者一开始便被牛顿的引力定律所吸引。1691 年，丢勒打算编写一个新版本的牛顿《自然哲学的数学原理》，但从未完成它。一些研究牛顿的传记作者认为他们之间的关系可能存在爱情的成分。不过，在 1694 年这两个人之间的关系冷却了下来。在那个时候，丢勒还与莱布尼茨交换了几封信件。

在 1699 年初，皇家学会（牛顿也是其中的一员）的其他成员们指控莱布尼茨剽窃了牛顿的成果，争论在 1711 年全面爆发了。牛顿所在的英国皇家学会宣布，一项调查表明了牛顿才是真正的发现者，而莱布尼茨被斥为骗子。但在后来，发现该调查评论莱布尼茨的结语是由牛顿本人书写，因此该调查遭到了质疑。这导致了激烈的牛顿与莱布尼茨的微积分学论战，并破坏了牛顿与莱布尼茨的生活，直到后者在 1716 年逝世。这场争论在英国和欧洲大陆的数学家间划出了一道鸿沟，并可能阻碍了英国数学至少一个世纪的发展。

牛顿的一项被广泛认可的成就是广义二项式定理，它适用于任何幂。他发现了牛顿恒等式、牛顿法，分类了立方面曲线（两变量的三次多项式），为有限差理论作出了重大贡献，并首次使用了分式指数和坐标几何学得到丢番图方程的解。他用对数趋近了调和级数的部分和（这是欧拉求和公式的一个先驱），并首次有把握地使用了幂级数和反转幂级数。他还发现了 π 的一个新公式。

 **知识点**

剑桥大学

剑桥大学位于英格兰的剑桥镇，是英国也是全世界最顶尖的大学之一。英国许多著名的科学家、作家、政治家都来自于这所大学。剑桥大学也是诞生最多诺贝尔奖得主的高等学府。剑桥大学有 35 个学院，有 3 个女子学院，两个专门的研究生院，各学院历史背景不同，实行独特的学院制，风格各异的 35 所学院经济上自负盈亏；剑桥大学负责生源规划和教学工作，各学院内部录取步骤各异，每个学院在某种程度上就像一个微型大学，有自己的校规校纪。剑桥大学的第一所学院彼得学院于 1284 年建立，其他的学院在 14 和 15 世纪陆续建立。其中以三一学院与国王学院最负盛名。

最完美的发明——数学

牛顿的暗淡晚年

由于受时代的限制，牛顿基本上是一个形而上学的机械唯物主义者。他认为运动只是机械力学的运动，是空间位置的变化；宇宙和太阳一样是没有发展变化的；靠了万有引力的作用，恒星永远在一个固定不变的位置上。

随着科学声誉的提高，牛顿的政治地位也得到了提升。1689 年，他被当选为国会中的大学代表。作为国会议员，牛顿逐渐开始疏远给他带来巨大成就的科学。1705 年他被安妮女王封为贵族，生活非常富有，同时担任英国皇家学会会长。但他不时表示出对以他为代表的领域的厌恶。同时，他的大量的时间花费在了和同时代的著名科学家如胡克、莱布尼茨等进行科学优先权的争论上。并潜心于对神学的研究，他否定哲学的指导作用，虔诚地相信上帝，埋头于写以神学为题材的著作。当他遇到难以解释的天体运动时，提出了"神的第一推动力"的理论。他说"上帝统治万物，我们是他的仆人而敬畏他、崇拜他"。

最多产的数学家欧拉

欧拉（1707—1783）出生在瑞士的巴塞尔城，13 岁就进巴塞尔大学读书，得到当时最有名的数学家约翰·伯努利的精心指导。

1725 年约翰·伯努利的儿子丹尼尔·伯努利赴俄国，并向沙皇喀德林一世推荐了欧拉，这样，在 1727 年 5 月欧拉来到了彼得堡。1733 年，年仅 26 岁的欧拉担任了彼得堡科学院数学教授。1735 年，欧拉解决了一个天文学的难题（计算彗星轨道），这个问题经几个著名数学家几个月的努力才得到解决，而欧拉却用自己发明的方法，三天便完成了。然而过度的工作使他得了眼病，并且不幸右眼失明了，这时他才 28 岁。1741 年欧拉应普鲁士彼德烈大帝的邀请，到柏林担任科学院物理数学所所长，直到 1766 年，后来在沙皇喀德林二世的诚恳敦聘下重回彼得堡，不料没有多久，左眼视力衰退。

不幸的事情接踵而来，1771年彼得堡的大火灾殃及欧拉住宅，带病而失明的64岁的欧拉被围困在大火中，虽然他被别人从火海中救了出来，但他的书房和大量研究成果全部化为灰烬了。沉重的打击，仍然没有使欧拉倒下，他发誓要把损失夺回来。在他完全失明之前，还能朦胧地看见东西，他抓紧这最后的时刻，在一块大黑板上疾书他发现的公式，然后口述其内容，由他的学生特别是大儿子 A·欧拉（数学家和物理学家）笔录。欧拉完全失明以后，仍然以惊人的毅力与黑暗搏斗，凭着记忆和心算进行研究，直到逝世，竟达17年之久。

欧拉的记忆力和心算能力是罕见的，他能够复述年青时代笔记的内容，心算并不限于简单的运算，高等数学一样可以用心算去完成。有一个例子足以说明他的本领，欧拉的两个学生把一个复杂的收敛级数的17项加起来，算到第50位数字，两人相差一个单位，欧拉为了确定究竟谁对，用心算进行全部运算，最后把错误找了出来。

欧拉渊博的知识，顽强的毅力，无穷无尽的创作精力和空前丰富的著作，都是令人惊叹不已的！他一生写下了大量的书籍和论文。至今几乎每一个数学领域都可以看到欧拉的名字，从初等几何的欧拉线，多面体的欧拉定理，立体解析几何的欧拉变换公式，四次方程的欧拉解法到数论中的欧拉函数，微分方程的欧拉方程，级数论的欧拉常数，变分学的欧拉方程，复变函数的欧拉公式等等，数也数不清。他对数学分析的贡献更独具匠心，《无穷小分析引论》一书便是他划时代的代表作，当时数学家们称他为"分析学的化身"。

欧拉是科学史上最多产的一位杰出的数学家，据统计他那不倦的一生，共写下了886本书籍和论文，其中分析、代数、数论占40%，几何占18%，物理和力学占28%，天文学占11%，弹道学、航海学、建筑学等占3%，彼得堡科学院为了整理他的著作，足足忙碌了47年。

欧拉著作的惊人多产并不是偶然的，他可以在任何不良的环境中工作，他常常抱着孩子在膝上完成论文，也不顾孩子在旁边喧哗。他那顽强的毅力和孜孜不倦的治学精神，使他在双目失明以后，也没有停止对数学的研究，在失明后的17年间，他还口述了几本书和400篇左右的论文。19世纪伟大数学家高斯曾说："研究欧拉的著作永远是了解数学的最好方法。"

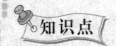

最完美的发明——数学

巴塞尔

　　巴塞尔位于莱茵河湾与德法两国交界处，是连接法国、德国和瑞士的最重要交通枢纽，三个国家的高速公路在此交会。她被莱茵河分割开，左岸称为大巴塞尔，是经济商业及休闲购物中心；右岸称为小巴塞尔，主要是花店、画室、工艺坊、以及以精致木台供应奶酪小食和饮品的咖啡厅。巴塞尔是瑞士最具经济活力的地区，也是世界最具生产力和创新力的城市之一。巴塞尔为约 30 万瑞士及外国居民提供了工作机会。巴塞尔的成功首先来自以科学为基础的工业世界创造力，其次来自化学医药工业。

被开除的学生欧拉

　　小欧拉在一个教会学校里读书。有一次，他向老师提问，天上有多少颗星星。老师是个神学的信徒，他不知道天上究竟有多少颗星，圣经上也没有回答过。他说："天上有多少颗星星，这无关紧要，只要知道天上的星星是上帝镶嵌上去的就够了。"欧拉感到很奇怪："天那么大，那么高，地上没有扶梯，上帝是怎么把星星一颗一颗镶嵌到天上的呢？上帝亲自把它们一颗一颗地放在天幕上，他为什么忘记了星星的数目呢？上帝会不会太粗心了呢？"

　　老师的心中顿时升起一股怒气，这不仅是因为一个才上学的孩子向老师问出了这样的问题，使老师下不了台，更主要的是，老师把上帝看得高于一切。小欧拉居然责怪上帝为什么没有记住星星的数目，言外之意是对万能的上帝提出了怀疑。在老师的心目中，这可是个严重的问题。

　　在欧拉的年代，对上帝是绝对不能怀疑的，人们只能做思想的奴隶，绝对不允许自由思考。小欧拉没有与教会、与上帝"保持一致",于是学校将他开除了。

"数学王子"高斯

高斯(1777—1855)是德国 18 世纪末到 19 世纪中叶的伟大数学家、天文学家和物理学家,被誉为历史上最有才华的数学家之一。在数学上,高斯的贡献遍及纯粹数学和应用数学的各个领域。特别是在数论和几何学上的创新,对后世数学的发展有着深刻的影响。由于他非凡的数学才华和伟大成就,人们把他和阿基米德、牛顿并列,同享盛名,并尊称他为"数学王子"。德国数学家克莱因这样评价高斯:"如果我们把 18 世纪的数学家想像为一系列的高山峻岭,那么最后一个使人肃然起敬的顶峰便是高斯——那样一个在广大丰富的区域充满了生命的新元素。"

高斯聪敏早慧,他的数学天赋在童年时代就已显露。高斯的父亲虽是个农夫,但有一定的书写和计算能力。在高斯 3 岁时,一天,父亲聚精会神地算账。当计算完毕,父亲念出数字准备记下时,站在一旁玩耍的高斯用微小的声音说:"爸爸,算错了!结果应该是这样……"父亲惊愕地抬起头,看了看儿子,又复核了一次,果然高斯说的是正确的。

后来高斯回忆这段往事时曾半开玩笑地说:"我在学会说话以前,已经学会计算了。"

1784 年,高斯 7 岁,父亲把他送入耶卡捷林宁国民小学读书。教师是布伦瑞克小有名气的"数学家"比纳特。当时,这所小学条件相当简陋,低矮潮湿的平房,地面凹凸不平。就在这所学校里,高斯开始了正规学习,并在数学领域里一显他的天才。

1787 年,高斯三年级。一次,比纳特给学生出了道计算题:

$$1+2+3+\cdots+98+99+100=?$$

不料,老师刚叙述完题目,高斯很快就将答案写在了小石板上:5050。当高斯将小石板送到老师面前时,比纳特不禁大吃一惊。结果,全班只有高斯一人的答案是对的。

高斯在计算这道题时用了教师未曾教过的等差级数的办法。即在 1 至

100 中，取前后每一对数相加，1＋100，2＋99，…，其和都是 101，这样一共有 50 个 101，因此，101×50＝5050，结果就这样很快算出来了。

　　通过这次计算，比纳特老师发现了高斯非凡的数学才能，并开始喜爱这个农家子弟。比纳特给高斯找来了许多数学书籍供他阅读，还特意从汉堡买来数学书送给高斯。高斯在教师的帮助下，读了很多书籍，开阔了视野。

　　由于高斯聪明好学，他很快成为布伦瑞克远近闻名的人物。

　　一天，在放学回家的路上，高斯边走边看书，不知不觉地走到了斐迪南公爵的门口。在花园里散步的公爵夫人看见一个小孩儿捧着一本大书竟如此着迷。于是叫住高斯，问他在看什么书。当她发现高斯读的竟是大数学家欧拉的《微分学原理》时，十分震惊，她把这件事告诉了公爵。公爵喜欢上了这个略带羞涩的孩子，并对他的才华表示赞赏。公爵同意作为高斯的资助人，让他接受高等教育。

　　1792 年，高斯在公爵的资助下进入了布伦瑞克的卡罗琳学院学习。在此期间，他除了阅读学校规定必修的古代语言、哲学、历史、自然科学外，还攻读了牛顿、欧拉和拉格朗日等人的著作。高斯十分推崇这三位前辈，至今还留有他读牛顿的《普遍的算术》和欧拉的《积分学原理》后的体会笔记。在对这些前辈数学家原著的研究中，高斯了解到当时数学中的一些前沿学科的发展情况。由于受欧拉的影响，高斯对数论特别爱好，在他还不到 15 岁时，就开始了对数论的研究。从这时起，高斯制定了一个研究数论的程序：确定课题——实践（计算、制表或称实验）——理论（通过归纳发现有待证明的定律）——实践（运用定律进一步作经验研究）——理论（在更高水平上表述更普遍的规律性和发现更深刻的联系）。尽管开始研究时并不那么自觉和完善地执行，但高斯始终以极其严肃的态度对待他从小就开始的事业。

知识点

拉格朗日

拉格朗日（1735—1813）生于意大利都灵，卒于法国巴黎。他在数学、力学和天文学三个学科领域中都有历史性的贡献，其中尤以数学方面的成就最为突出。他在数学上最突出的贡献是使数学分析与几何与力学脱离开来，使数学的独立性更为清楚，从此数学不再仅仅是其他学科的工具。拉格朗日总结了18世纪的数学成果，同时又为19世纪的数学研究开辟了道路。同时，他的关于月球运动（三体问题）、行星运动、轨道计算、两个不动中心问题、流体力学等方面的成果，在使天文学力学化、力学分析化上，也起到了历史性的作用，促进了力学和天体力学的进一步发展，成为这些领域的开创性或奠基性研究。

 延伸阅读

高斯和他的萝卜灯

高斯生活的时代，还没有电灯。那时，有钱人家为了照明，用铅、锡、铜等金属做成各种式样的烛台，在上面插上一支支粗粗的蜡烛，点起来很亮。高斯家穷，买不起这样的烛台，也点不起蜡烛。每天一到晚上，爸妈就催促高斯早点上床睡觉。小高斯读书很用功，晚上没有灯光看书，在床上翻来覆去，说什么也睡不着。

一天，妈妈从菜场买菜回来，篮子里装着几只红萝卜。

"妈妈，给我一只萝卜吧！"小高斯蹲在妈妈的身边，轻轻地摇着妈妈的臂膀。

"傻孩子，生萝卜辣，有什么好吃的！"妈妈随口讲着。

"不，妈妈，我不是要吃，我要用它来做一盏美丽的灯。"高斯一面用手比划，一面微笑着说。

从妈妈手里接过一只萝卜，高斯把它洗净擦干。然后用小刀一点一点地把萝卜心子挖空，倒点油进去，再放上一根灯芯，就成为一盏很别致的"萝卜灯"了。就在这盏灯旁，高斯常常学习到深夜。

数学世界的亚历山大——希尔伯特

欧洲有个古老的传说：一辆著名的战车，被一根山茱萸树皮编制的绳索牢牢地捆住了。你要想取得统治世界的王位吗？那就必须解开这个绳结。无数聪明、强悍的勇士满怀希望而来，垂头丧气而去，因为绳结盘旋缠绕，绳头隐藏难寻。一天，亚历山大也慕名来到这里，他略略思索一下，便果断地抽出宝剑，一剑把绳截成两段。难解的绳结就这样轻而易举地被"解开"了。

亚历山大因此享有对整个世界的统治权。

1888年9月6日，人们惊喜地获悉：十多年来许多数学家为之奋斗的著名难题——果尔丹问题，终于被一位当时尚名不见经传的青年人攻克了。他运用的方法和途径是那样的出人意料、令人折服，就像亚历山大解开绳结一样；也正如这位显赫的君主在辽阔的欧亚大陆上留下旷世战功，这位年轻人穷尽毕生心血和才华，在广阔的数学领域里纵横捭阖，遍及现代数学几乎所有的前沿阵地，在整个数学的版图上，到处都刻下他那光辉的名字。他就是数学世界的亚历山大——大卫·希尔伯特！

哥尼斯堡是德国一座古老而美丽的城市，著名的七桥问题使之名扬欧洲。1862年1月23日，希尔伯特就诞生在这座富有学术传统的城市里。受家庭的熏陶，早在中学时代，希尔伯特对数学就表现出浓厚的兴趣，并立志把数学作为自己奋斗的专业。

1880年秋，希尔伯特进入哥尼斯堡大学。这里的学术空气浓厚而且自由，非常适宜希尔伯特的生活习性和学习要求。这段时间内，他同两位年轻的数学家的交往使他受益终生。一位是比他大3岁的赫维茨，在希尔伯特还是学生时，这位见多识广的青年就已是副教授；另一位是闵可夫斯基，虽比希尔伯特小两岁，但已荣获巴黎科学院大奖而名扬国际。他们三位一体，情投意合。他们每天下午"准5点"相会于校园旁边的苹果树下，互相交流彼此的学习心得、制订计划、探索未知领域。对于每一个重大问题，他们总是分头准备、认真思考，并各抒己见，有时也会争得面红耳赤。

苹果树下的散步使希尔伯特利用有趣而又容易接受的学习方式像海绵吸

水那样接受数学知识，并以最简洁、快速的方法到达数学研究的前沿阵地。

赫维茨渊博、系统的知识，闵可夫斯基快捷、灵敏的思维，无不令希尔伯特如醉如痴，也激励着他更加如饥似渴地学习、思考。这段时光为希尔伯特打下了牢固而全面的基础，他也因之能在以后的岁月里频频出击，并获得数学麦加——哥廷根大学的教授职位。

1900 年 8 月 6 日，第二届国际数学家大会在巴黎开幕了。会议第三天，38 岁的希尔伯特作为全世界最具名望的数学家，健步登上了讲台。

希尔伯特向与会的 200 多名数学家，也向国际数学界提出了 23 个问题，预示了新世纪整个数学的发展方向。希尔伯特的演说轰动了国际数学界，使这次大会成为数学史上一个重要里程碑。大批数学家投入到解决希尔伯特问题的激流中来。人们普遍认为，一个数学工作者只要解决了其中的任何一个或一部分，都是对数学科学的重大贡献。而随着这些问题的解决，必将大大推动数学的发展。事实证明，希尔伯特所提出的问题确已成为新世纪的方向，围绕这些问题也确实形成了许多新的数学分支。希尔伯特的这次高瞻远瞩的演讲被称为新世纪数学发展的指南导航图。

一位科学家如此自觉、如此集中地提出一大批问题，并持久而深刻地影响一门科学的发展，在科学史上确是极为罕见的。这不仅需要过人的胆识、崇高的使命、精深的造诣，还要具备"领袖"般的大将风范！而希尔伯特就属于这类为数不多的人物。

从一个领域马不停蹄地转向另一个领域，是希尔伯特科学研究的显著特点。在他看来，既然在这个领域里他的主要工作已经结束，留下的细节就可由其他人完成，只有这样，才能把精力投注于更大的战役，从中作出新的开创性贡献。因此，希尔伯特一生中先后涉足不变式理论、代数数域理论、数学基础、积分方程、物理学等领域，并均产生深远的影响。

在每个研究领域中，希尔伯特关注的不是枝杈细节，而是重大和关键的问题。提出问题，解决问题，贯彻在希尔伯特研究事业的始终。他认为："只要一门科学分支中充满大量问题，它就充满生命力，缺少问题则意味着死亡或独立发展的中止。"在解决问题的道路上，既有锲而不舍，不达目的决不罢休的毅力，又有突破陈规陋习、灵活变通的技巧。

"我们必须知道，我们必将知道"是这位伟大的数学领袖留给我们的豪迈状语。

最完美的发明——数学

亚历山大

亚历山大大帝（前356—前323年），古代马其顿国王。他足智多谋，在担任马其顿国王的短短13年中，以其雄才大略，东征西讨，先是确立了在全希腊的统治地位，后又灭亡了不可一世的波斯大帝国。在横跨欧、亚的辽阔土地上，建立起了一个西起希腊、马其顿，东到印度河流域，南临尼罗河第一瀑布，北至药杀水的以巴比伦为首都的庞大帝国。创下了前无古人的辉煌业绩，促进了东西方文化的交流和经济的发展，对人类社会的进展产生了重大的影响。

三位数学家苹果树下结缘

1884年春天，年轻的数学家阿道夫·赫维茨从哥廷根来到哥尼斯堡担任副教授，年龄还不到25岁，在函数论方面已有出色的研究成果。希尔伯特和闵可夫斯基很快就和他们的新老师建立了密切的关系。他们这三个年轻人每天下午准5点必定相会去苹果树下散步。

希尔伯特后来回忆道："日复一日的散步中，我们全都埋头讨论当前数学的实际问题；相互交换我们对问题新近获得的理解，交流彼此的想法和研究计划。"在他们三人中，赫维茨有着广泛坚实的基础知识，又经过很好的整理，所以他是理所当然的带头人，并使其他两位心悦诚服。当时希尔伯特发现，这种学习方法比钻在昏暗的教室或图书馆里啃书本不知要好多少倍，这种例行的散步一直持续了整整八年半之久。以这种最悠然而有趣的学习方式，他们探索了数学的"每一个角落"，考察着数学世界的每一个王国，希尔伯特后来回忆道："那时从没有想到我们竟会把自己带到那么远！"三个人就这样"结成了终身的友谊"。

控制论创始人维纳

维纳（1894—1964），美国数学家，控制论的创始人，生于美国密苏里州。维纳的父亲列奥很早就发现了儿子的天赋，并坚信借助于环境进行教育的重要性，他从一开始学习就实施的教育计划，用一种多少无情的方式驱使他不寻常的儿子。维纳三岁半开始读书，生物学和天文学的初级科学读物就成了他在科学方面的启蒙书籍。从此，他兴致勃勃，爱不释卷地埋首于五花八门的科学读本。七岁时，开始深入物理学和生物学的领域，甚至超出了他父亲的知识范围。从达尔文的进化论、金斯利的《自然史》到夏尔科、雅内的精神病学著作，从儒勒·凡尔纳的科学幻想小说到18、19世纪的文学名著等等，几乎无所不读。

维纳怀有强烈的好奇心，而他父亲却以系统教育为原则，两者正好相得益彰。维纳自己学习科学，而他父亲则用严厉的态度坚持以数学和语言学为核心的教学计划。维纳极好地经受了这种严格的训练，他的数学长进显著。

父母几次设法送他到学校去受教育，但不寻常的智力和训练使维纳在学校里很难被安排。列奥很明智，决定送维纳进塔夫茨学院数学系就读，而不让他冒参加哈佛大学紧张的入学考试的风险，并避免由于把一个神童送进哈佛，而过分惹起人们的注意。

维纳及其《控制论》

在数学方面，维纳已超过大学一年级学生的水平，没有什么课程能确切地适合他的要求。于是他一开始就直接攻读伽罗瓦的方程论。列奥仍常和儿子讨论高等数学问题。就数学和语言学来说，维纳跨学科学习的惯例没有变。在这两方面，列奥依然是他的严师。

维纳兴趣广泛，大学第一年，物理和化学给他的印象远比数学深。他对实验尤其兴致勃勃，与邻友一道做过许多电机工程的实验。他曾试图动手证实两个物理学方面的想法。一是供无线电通讯用的电磁粉末检波器，另一个设想是试制一种静电变压器。维纳的这两个想法都很出色。

第二年，维纳又为哲学和心理学所吸引。他读过的哲学著作大大超出了该课程的要求。斯宾诺莎和莱布尼茨是对他影响最大的两位哲学家，前者崇高的伦理道德和后者的多才多艺，都使维纳倾倒。他还贪婪地阅读了詹姆士的哲学巨著，并通过父亲的关系，认识了这位实用主义大师。

在同一年，维纳又把兴趣集中到生物学方面。生物学博物馆和实验室成了最吸引他的地方，动物饲养室的管理员成了他特别亲密的朋友。维纳不仅乐于采集生物标本，而且经常把大部分时间用在实验室的图书馆，在那里阅读著名的生物学家贝特森等人的著作。

维纳用三年时间读完了大学课程，于1909年春毕业。之后便开始攻读哈佛大学研究院生物学博士学位。维纳改学生物，并不是因为他知道自己能够干这一行，而是因为他想干这一行。从童年开始，他就渴望成为一名生物学家。但是，维纳的实验工作不幸失败了。他动手能力差，缺乏从事细致工作所必需的技巧和耐心，深度近视更增添了麻烦。

在父亲的安排下，他转到康奈尔大学去学哲学，第二年又回到哈佛，研读数理逻辑。1913年，19岁的维纳在《剑桥哲学学会会刊》上发表了一篇关于集合论的论文。这是一篇将关系的理论简化为类的理论的论文，在数理逻辑的发展中占据有一席之地。维纳从此步入学术生涯。同年，他以一篇有些怀疑论味道的哲学论义《至善》，获得哈佛大学授予的鲍多因奖。

维纳在大学接受的跨学科教育，促使他的才能横向发展，为将来在众多领域之间，在各种交界面上进行大量的开发和移植，奠定了基础。从数学到生物学再到哲学，实际上就是维纳整个科学生涯所经历的道路。

1935—1936年，他应邀到中国作访问教授。在清华大学与李郁荣合作，研究并设计出很好的电子滤波器，获得了该项发明的专利权。维纳把他在中国的这一年作为自己学术生涯中的一个特定的里程碑，即作为科学的一个刚满师的工匠和在某种程度上成为这一行的一个独当一面的师傅的分界点。

在第二次世界大战期间，维纳接受了一项与火力控制有关的研究工作。

这问题促使他深入探索了用机器来模拟人脑的计算功能，建立预测理论并应用于防空火力控制系统的预测装置。这最终促使他创立具有划时代意义的控制论。这是一门以数学为纽带，把研究自动调节、通信工程、计算机和计算技术以及生物科学中的神经生理学和病理学等学科共同关心的共性问题联系起来而形成的边缘学科。维纳的著作《控制论》1948 年出版后，立即风行世界。维纳的深刻思想引起了人们的极大重视。它揭示了机器中的通信和控制机能与人的神经、感觉机能的共同规律；为现代科学技术研究提供了崭新的科学方法；它从多方面突破了传统思想的束缚，有力地促进了现代科学思维方式和当代哲学观念的一系列变革。

现在，控制论已有了许多重大发展，但维纳用吉布斯统计力学处理某些数学模型的思想仍处于中心地位。他定义控制论为："设有两个状态变量，其中一个是能由我们进行调节的，而另一个则不能控制。这时我们面临的问题是如何根据那个不可控制变量从过去到现在的信息来适当地确定可以调节的变量的最优值，以实现对于我们最为合适、最有利的状态。"

知识点

李郁荣

李郁荣是中国现代早期电机工程学家，20 世纪 20 年代在美国求学期间便结识布什和维纳等著名科学家并与他们共同开展研究。30 年代初他学成归国，执教于清华大学电机工程系，积极从事教育和科研工作，促成了维纳访问清华大学并继续与之进行合作研究，这在现代中外科技交流史上有着重要意义。抗战时期，他的科研工作被迫中断。1946 年初应邀重返麻省理工学院访问，开始致力于探讨通讯中的统计理论，在此后的 20 多年时间里取得了一系列成果。他与维纳之间有着深厚的友谊，而两人长达数十年的合作对彼此的科学生涯都产生了积极的影响。

维纳的年龄

在哈佛大学博士学位的授予仪式上，执行主席看到一脸稚气的维纳，颇为惊讶，于是就当面询问他的年龄。维纳这样回答："我今年岁数的立方是个四位数，岁数的四次方是个六位数，这两个数，刚好把十个数字0、1、2、3、4、5、6、7、8、9全都用上了，不重不漏。这意味着全体数字都向我俯首称臣，预祝我将来在数学领域里一定能干出一番惊天动地的大事业。"

维纳此言一出，四座皆惊，大家都被他的这道妙题深深地吸引住了。整个会场上的人，都在议论他的年龄问题。

其实这个问题不难解答，但是需要一点儿数字"灵感"。不难发现，21的立方是四位数，而22的立方已经是五位数了，所以维纳的年龄最多是21岁；同样道理，18的四次方是六位数，而17的四次方则是五位数了，所以维纳的年龄至少是18岁。这样，维纳的年龄只可能是18、19、20、21这四个数中的一个。剩下的工作就是一一筛选了。20的立方是8000，有3个重复数字0，不合题意。同理，19的四次方等于130321，21的四次方等于194481，都不合题意。最后只剩下一个18，是不是正确答案呢？验算一下，18的立方等于5832，四次方等于104976，恰好不重不漏地用完了10个阿拉伯数字，多么完美的组合！

数学在生产生活中的应用

数学在生产生活中的用处无所不在，可是有一些问题你也许没有想到过，比如：为什么所有的窨井盖都是圆的？摊贩引你"上当"的扑克牌里有什么秘密呢？电脑算命里有什么玄机？数学在体育竞技中有什么妙用？怎样缩短烤肉片的时间？你可知道排队等车的过程中产生的"排队论"？见死不救果真是道德沦丧吗？你是否知道在我们自己身上有一把把"尺子"呢？为什么桥多建成拱形？……

带着这些有趣的问题阅读本章，你将在了解数学知识的过程中豁然开朗，领悟到数学的作用还真不一般呢。

窨井盖为什么是圆的

小薇坐着妈妈的车子去上课外辅导班，突然天上乌云密布，转眼间，天哗哗地下起倾盆大雨，一会儿路上就积满了雨水。她们在雨中飞快地行驶，雨水在车轮下滚动着、跳跃着，欢快地流向圆圆的窨井盖。

就在这时，小薇发现了一个奇怪的现象：马路上的窨井盖几乎都是圆的。可这是为什么呢？做成其他形状的，比如正方形、长方形不好吗？到了目的地，小薇还在思考这个问题，并向妈妈请教。"盖子下面是什么？""盖子下面的洞是圆的，盖子当然是圆的了！"妈妈这样回答小薇。真的是像妈妈说的那样吗？

实际上，窨井盖做成圆的，是因为只要盖子的直径稍微大于井口的直径，那么盖子无论何种情形被颠起来，再掉下去的时候，它都是掉不到井

窨井盖

里的。那如果窨井盖做成正方形或者长方形，会出现什么情况呢？假设一个快速驶来的汽车冲击窨井盖，将其撞到空中。盖子掉下来的时候，无论是长方形还是正方形，都有可能沿着最大尺度的对角线掉到井中！因为正方形的对角线是边长的1.41倍，长方形的对角线也大于任一边的边长，只有圆，直径是相同的。圆形的盖子是无论如何都掉不进去的。假设有天晚上，一个人不小心把盖子踢起来，井口开了，人也掉进去了，再加上盖子也跟着掉下去，那人还了得，不仅脚下有臭气熏天的污水，再来个当头一"盖"，岂不雪上加霜嘛！

连接圆周上任意一点到圆心的线段，叫做半径。它的长度就是画圆时，圆规两脚之间的距离。同样周长的各种图形求面积的时候，圆的面积最大，最省材料，将井盖做成圆形也是为国家节约材料。

除此之外，盖子下面的洞是圆的，圆形的井比较利于人下去检查，在挖井的时候也比较容易，下水道出孔要留出足够一个人通过的空间，而一个顺着梯子爬下去的人的横截面基本是圆的，所以圆形自然而然地成为下水道出入孔的形状。圆形的井盖只是为了覆盖圆形的洞口。另外圆柱形最能承受周围土地和水的压力。

若我们手头有圆规，固定其中的一脚，将另一个带铅笔头的脚转一圈，就画出了一个圆。但是，就是这么简单的一个圆，却给了我们许多启示，并被充分运用到人类的生产和生活中。车轮是圆的，水管是圆的，许多容器也是圆柱形的，如脸盆、水杯、水桶等等。为什么要用圆形？一方面，圆给我们以视觉的美感；另一方面，圆有许多实用的性质。

我们知道，圆是到定点的距离等于定长的点的轨迹。也就是说，圆周上的点到圆心的距离是相等的。这是圆的一个最重要而又最基本的性质。车轮就是利用圆的这种性质制成的。车轴被装在车轮的圆心位置上，车轮边缘到车轴的距离是一定的。当车子在行进中时，车轴距路面的距离就总

最完美的发明——数学

是一样的。进而，只要路面平整，车就不会颠簸，给坐车人以平稳、舒服的感觉。假如我们把车轮做成方形的，把车轴放在车轮的对称中心，车在行进时，车轴到路面的距离会时大时小，即便走在平坦的公路上，车也会上下颠簸，坐车人的感觉也就不会舒服了。

圆的另一个性质是：用同样长度的材料围成一个三角形、四方形或圆，其中面积最大的是圆。同样，人们得出：用同样面积的材料做一个几何体，圆柱体的体积会更大一些。利用这个性质，人们制造了各种圆柱形制品：圆柱形的谷仓，圆柱形的水塔，圆柱形的地下管道，等等。圆是一种特殊的曲线，有许多性质和应用，如果大家感兴趣的话可以查阅相关的书籍，获得更多有关圆的知识。

抛 物 线

抛物线是指平面内到一个定点和一条定直线距离相等的点的轨迹。它有许多表示方法，比如参数表示，标准方程表示等等。它在几何光学和力学中有重要的用处。抛物线也是圆锥曲线的一种，即圆锥面与平行于某条母线的平面相截而得的曲线。抛物线在合适的坐标变换下，也可看成二次函数图像。

数学世家伯努利家族

在一个家族中，连续出了 11 位数学家，可以称得上是数学史上的一大奇迹。这就是瑞士巴塞尔城的伯努利家族。以雅科布·伯努利、约翰·伯努利和丹尼尔·伯努利最为出色。

雅科布·伯努利（1654—1705），小时候对数学很有兴趣，虽然父亲要他学神学，但他一直坚持自学数学，在读了数学家莱布尼茨的著作后，便

决定专攻数学了。功夫不负有心人，后来他不仅成为一名数学教授，还在数学上作出了突出贡献，数学中的一些名词、术语甚至定理都以他的名字进行命名。

雅科布的弟弟约翰·伯努利（1667—1748），也是一名数学教授。1696年他以公信的方式，提出了著名的"捷线问题"，从而引发了欧洲数学界的一场论战。论战的结果产生了一个新的数学分支——变分法。约翰成了公认的变分法奠基人。

约翰的儿子丹尼尔，从小酷爱数学，天资聪慧。16岁便大学毕业，跟随父亲研究数学。25岁担任了彼得堡科学院院士，曾10次荣获巴黎科学院的奖金。34岁那年与父亲合作解决了天文学上的难题，因而获得了双倍的奖金！

汽车前灯里的数学

小军上完补习班，天已经黑了。按照约好的时间，他站在路边等待爸爸来接他回家。不一会儿，他便看见爸爸的车远远地开过来了。就在这时，细心的小军突然发现一个奇怪的现象：当爸爸把汽车的前灯开关由亮变暗的刹那，光线竟然不是像他想像的那样，是平行射出的，而是发散的。这究竟是怎么一回事呢？

随着生活水平的日益提高，不少家庭都配备了私家车，以方便出行。没想到就在这小小的汽车前灯里也包含着数学原理。具体地说，是抛物线原理在玩花招。

汽车前灯

如果你留心就会发现，汽车前灯后面的反射镜呈抛物线的形状。事实上，它们是抛物面（抛物线环绕它的对称轴旋转形成的三维空间中的曲面）。明亮的光束是由位于抛物线反射镜焦点上的光源产生的。

因此，光线沿着与抛物线的

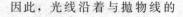

对称轴平行的方向射出。当光变暗时，光源改变了位置。它不再在焦点上，结果光线的行进不与轴平行。现在近光只向上下射出。向上射出的被屏蔽，所以只有向下射出的近光，射到比远光所射的距离短的地方。

抛物线是一种古老的曲线，它是平面内与称做它的焦点的定点和称做它的准线的定直线等距离的所有点的集合。希腊著名学者梅内克缪斯（约前375—前325）在试图解决当时的著名难题"倍立方问题"（即用直尺和圆规把立方体体积扩大一倍）时发现了它。他把直角三角形 ABC 的直角 A 的平分线 AO 作为轴，旋转三角形 ABC 一周，得到曲面 $ABECE'$，如图。

用垂直于 AC 的平面去截此曲面，可得到曲线 EDE'，梅内克缪斯称之为"直角圆锥曲线"。其实，这就是最早的抛物线的"雏形"。

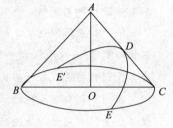

其实在现实生活中，抛物线也非常常见，如美丽的喷泉、燃放的烟花、运动员的投篮等，它们在空中运行的轨迹都是一个抛物线。

如今，人们已经证明，抛物线有一个重要性质：从焦点发出的光线，经过抛物线上的一点反射后，反射光线平行于抛物线的轴，探照灯也是利用这个原理设计的，应用抛物线的这个性质，也可以使一束平行于抛物线的轴的光线，经过抛物线的面的反射集中于它的焦点。

多年以来，人类已经得到了有关抛物线的一些新的用途和发现。例如，伽利略（1564—1642）证明抛射体的路线是抛物线。今天人们可以到五金店去买一台高能效抛物线电热器，它只用 1 000 瓦，但是与用 1 500 瓦的电热器产生同样多的热量。

而能够方便地加热水和食物的太阳灶也是人们应用这个原理设计的。在太阳灶上装有一个旋转抛物面形的反射镜，当它的轴与太阳光线平行时，太阳光线经过反射后集中于焦点处，这一点的温度就会很高。如果大家有兴趣的话，还可以自己做个小实验来研究抛物线的这个性质。实验方法很简单，我们可以准备一个大小适中的放大镜，将火柴放置于玻璃板上，放大镜与玻璃板间保持一定距离，在太阳光照射下，玻璃板上出现一个白点，使白点尽量小，并集中于火柴上，几分钟后火柴燃烧，也可要求别人帮着拿火柴，现象更为明显。

最完美的发明——数学

倍立方问题

传说中，这问题的来源，可追溯到公元前 429 年，一场瘟疫袭击了希腊第罗斯岛，造成大量人口死亡。岛民们推派一些代表去神庙请示阿波罗的旨意，神指示说：要想遏止瘟疫，得将阿波罗神殿中那正立方的祭坛加大一倍。人们便把每边增长一倍，结果体积当然就变成了 8 倍，瘟疫依旧蔓延；接着人们又试着把体积改成原来的 2 倍，但形状却变为一个长方体……第罗斯岛人在万般无奈的情况下，只好鼓足勇气到雅典去求救于当时著名的学者柏拉图。

开始，柏拉图和他的学生认为这个问题很容易。他们根据平时的经验，觉得利用尺规做图可以轻而易举地做一个正方形，使它的面积等于已知正方形的 2 倍，那么做一个正方体，使它的体积等于已知正方体体积的 2 倍，还会难吗？结果，他们没有找到解决的办法。

阿波罗尼与《圆锥曲线论》

阿波罗尼，古希腊数学家。与欧几里得、阿基米德齐名。他的著作《圆锥曲线论》将圆锥曲线的性质网罗殆尽，几乎使后人没有插足的余地。这部经典巨著，它可以说是代表了希腊几何的最高水平，自此以后，希腊几何便没有实质性的进步。

《圆锥曲线论》共 8 卷，前 4 卷的希腊文本和其次 3 卷的阿拉伯文本保存了下来，最后一卷失传。此书集前人之大成，且提出很多新的性质。他推广了最早系统研究圆锥曲线的希腊数学家梅内克缪斯的方法，证明三种圆锥曲线都可以由同一个圆锥体截取而得，并给出抛物线、椭圆、双曲线、正焦弦等名称。书中已有坐标制思想。他以圆锥体底面直径作为横坐标，过顶点的垂线作为纵坐标，这给后世坐标几何的建立以很大的启发。他在解释太阳系内5大行星的运动时，提出了本轮均轮偏心模型，为托勒密的地心说提供了工具。

中奖的概率

"下一个中奖的就是你！"这句响亮的具有极大诱惑性的话是英国彩票的广告词。买一张英国彩票的诱惑有多大呢？

只要你花上1英镑，就有可能获得2 200万英镑！一点儿小小的花费竟然可能得到天文数字般的奖金，这没办法不让人动心。很多人都会想：也许真如广告所说，下一个赢家就是我呢！因此，自从1994福利彩票年9月开始发行到现在，英国已有超过90％的成年人购买过这种彩票，并且也真的有数以百计的人成为百万富翁。

如今在世界各地都流行着类似的游戏，在我国各省各市也发行了各种福利彩票、体育彩票，而报纸、电视上关于中大奖的幸运儿的报道也屡见不鲜，吸引了不计其数的人踊跃购买。很简单，只要花2元人民币，就可以拥有这么一次尝试的机会，试一下自己的运气，谁不愿意呢？但你有没有想过买一张彩票中头等奖的概率近乎是零？这是为什么呢？

让我们以英国彩票为例来计算一下。英国彩票的规则是49选6，即在1至49的49个号码中选6个号码。买一张彩票，你只需要选6个号、花1英镑而已。在每一轮中，有一个专门的摇奖机随机摇出6个标有数字的小球，如果6个小球的数字都被你选中了，你就获得了头等奖。可是，当我们计算一下在49个数字中随意组合其中6个数字的方法有多少种时，我们会吓一大跳：从49个数中选6个数的组合有139 838 16种方法！

这就是说，假如你只买了一张彩票，6个号码全对的机会是大约1/140 000 00，这个数小得已经无法想像，大约相当于澳大利亚的任何一个普通人当上总统的机会。如果每星期你买50张彩票，你赢得一次大奖的时间约为5 000年；即使每星期买1 000张彩票，也大致需要270年才有一次6个号码全对的机会。这几乎是单个人力不可为的，获奖仅是我们期盼的偶然而又偶然的事件。

那么为什么总有人能成为幸运儿呢？这是因为参与的人数是极其巨大的，人们总是抱着撞大运的心理去参加。殊不知，彩民们就在这样的幻想中为彩票公司贡献了巨额的财富。一般情况下，彩票发行者只拿出回收的全部彩金的 45％作为奖金返还，这意味着无论奖金的比例如何分配，无论彩票的销售总量是多少，彩民平均付出的 1 元钱只能赢得 0.45 元的回报。从这个平均值出发，这个游戏是绝对不划算的。所以说广告中宣传的中大奖是一个机会近乎零的"白日梦"！

在社会和自然界中，我们可以把事件发生的情况分为三大类：在一定条件下必然发生的事件，叫做必然事件；在一定条件下不可能发生的事件，叫做不可能事件；在一定条件下可能发生也可能不发生的事件，叫做随机事件。在数学上，我们把随机事件产生的可能性称为概率。严格说来，概率就是在同一条件下，发生某种事情可能性的大小。概率在英文中的名称为 probability，意为可能性、或然性，因此，概率有时也称为或然率。

彩票是否中奖就是个典型的概率事件，但概率不仅仅出现在类似买彩票这样的赌博或游戏中，在日常生活中，我们时时刻刻都要接触概率事件。比如，天气有可能是晴、阴、下雨或刮风，天气预报其实是一种概率大小的预报；又如，今天某条高速公路上有可能发生车祸，也有可能不发生车祸；今天出门坐公交车，车上可能有小偷，也可能没有小偷。这些都是无法确定的概率事件。

由于在日常生活中经常碰到概率问题，所以即使人们不懂得如何计算概率，经验和直觉也能帮助他们作出判断。但在某些情况下，如果不利用概率理论经过缜密的分析和精确的计算，人们的结论可能会错得离谱。举一个有趣的小例子：给你一张美女照片，让你猜猜她是模特还是售货员。很多人都会猜前者。实际上，模特的数量比售货员的数量要少得多，所以，从概率上说这种判断是不明智的。

人们在直觉上常犯的概率错误还有对飞机失事的判断。也许出于对在天上飞的飞机本能的恐惧心理，也许是媒体对飞机失事的过多渲染，人们对飞机的安全性总是多一份担心。但是，据统计，飞机是目前世界上最安全的交通工具，它绝少发生重大事故，造成多人伤亡的事故率约为 $1/(3\times10^6)$。假如你每天坐一次飞机，这样飞上 8 200 年，你才有可能会不幸遇到一次飞行事故，1/（3×10⁶）的事故概率，说明飞机这种交通工具是最安全的，它甚至比走路和骑自行车都要安全。

事实也证明了在目前的交通工具中飞机失事的概率最低。1998年，全世界的航空公司共飞行1 800万个喷气机航班，共运送约13亿人，而失事仅10次。而仅仅美国一个国家，在半年内其公路死亡人数就曾达到21 000名，约为自40年前有喷气客机以来全世界所有喷气机事故死亡人数的总和。虽然人们在坐飞机时总有些恐惧感，而坐汽车时却非常安心，但从统计概率的角度来讲，最需要防患于未然的，却恰恰是我们信赖的汽车。

总之，从概率的思想走出机会性（博彩）游戏的范围，到应用的不断深化，这一过程中人类的思想观念发生了巨大的转变，这就是概率带来的革命。

彩　票

彩票市场产生于16世纪的意大利，从古罗马、古希腊开始，即有彩票开始发行。发展到今天，世界上已经有139个国家和地区发行彩票。

发行彩票集资可以说是现代彩票的共同目的。各国、各地区的集资目的多种多样，社会福利、公共卫生、教育、体育、文化是主要目标。以合法形式、公平原则，重新分配社会的闲散资金，协调社会的矛盾和关系，使彩票具有了一种特殊的地位和价值。

目前，彩票的种类随着社会的发展而发展。在不断追求提高彩票娱乐性的过程中，彩票类型已经从以传统型彩票为主发展到即开型彩票和乐透彩票等多种彩票并存的局面。时至今日，彩票已成为世界第六大产业。

最完美的发明——数学

概 率 论

概率论是一门研究事情发生的可能性的学问，但是最初概率论的起源与赌博问题有关。16 世纪，意大利的学者吉罗拉莫·卡尔达诺开始研究掷骰子等赌博中的一些简单问题。

随着 18、19 世纪科学的发展，人们注意到在某些生物、物理和社会现象与机会游戏之间有某种相似性，从而由机会游戏起源的概率论被应用到这些领域中，同时这也大大推动了概率论本身的发展。使概率论成为数学的一个分支的奠基人是瑞士数学家 J·伯努利，他建立了概率论中第一个极限定理，即伯努利大数定律，阐明了事件的频率稳定于它的概率。随后棣莫弗和拉普拉斯又导出了第二个基本极限定理（中心极限定理）的原始形式。拉普拉斯在系统总结前人工作的基础上写出了《分析的概率理论》，明确给出了概率的古典定义，并在概率论中引入了更有力的分析工具，将概率论推向一个新的发展阶段。19 世纪末，俄国数学家切比雪夫、马尔可夫等人用分析方法建立了大数定律及中心极限定理的一般形式，科学地解释了为什么实际中遇到的许多随机变量近似服从正态分布。20 世纪初受物理学的刺激，人们开始研究随机过程。随机过程的统计特性、计算与随机过程有关的某些事件的概率，特别是研究与随机过程样本轨道（即过程的一次实现）有关的问题，是现代概率论的主要课题。

揭开扑克牌中的秘密

在公园或路旁，经常会看到这样的游戏：摊贩前画有一个圆圈，周围摆满了奖品，有钟表、玩具、小梳子等等，然后，摊贩拿出一副扑克让游客随意摸出两张，并说好向哪个方向转，将两张扑克牌的数字相加（J、Q、K、A 分别为 11、12、13、1），得到几就从几开始按照预先说好的方向转几步，转到数字几，数字几前的奖品就归游客，唯有转到一个位置（如

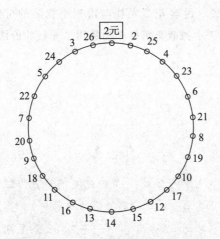

图），游客必须交 2 元钱，其余的位置都不需要交钱。

很多游客心想，真是太便宜了，不用花钱就可以玩游戏，而且得奖品的可能性"非常大"，交 2 元钱的可能性"非常小"。然而，事实并非如此，通过观察我们可以看到，凡参与游戏的游客不是转到 2 元钱就是转到一些廉价小物品旁，而钟表、玩具等贵重物品就没有一个游客转到过。这是怎么回事呢？是不是其中有"诈"？

这其实是骗人的把戏。通过图可以看到：由圆圈上的任何一个数字或者左转或者右转，到 2 元钱位置的距离恰好是这个数字。因此，摸到的扑克数字之和无论是多少，或者左转或者右转必定有一个可能转到 2 元钱位置。即使转不到 2 元钱，也只能转到奇数位置，绝不会转到偶数位置，因为如果是奇数，从这个数字开始转，相当于增加了"偶数"，奇数＋偶数＝奇数；如果是偶数，从这个数字开始转，相当于增加了"奇数"，偶数＋奇数＝奇数。我们仔细观察就会发现，所有贵重的奖品都在偶数字前，而奇数字前只有梳子、小尺子等微不足道的小物品。由于无论怎么转也不会转到偶数字，参与游戏的人也就不可能得贵重奖品了。

扑克牌

对于小摊贩来说，游客花 2 元钱与得到小物品的可能性都是一样的，都是 12。所以相当于小摊贩将每件小物品用 2 元钱的价格卖出去。

扑 克

扑克，14 世纪起源于欧洲，17 世纪英国资产阶级革命之后定型。研究发现，一副扑克本身就是一部历法的缩影。

除去大小王以外的 52 张牌表示一年有 52 个星期。另外两张中，一张是大王，表示太阳；一张是小王，表示月亮。一年四季，即春夏秋冬，分别以黑桃、红桃、方块、梅花来表示。其中红桃、方块代表白昼，黑桃、梅花代表黑夜。每一花色正好是 13 张牌，代表每一季度基本上是 13 个星期。这 13 张牌的点数加在一起是 91，正符合每一季度 91 天。4 种花色的点数加起来，再加上小王的一点正好是一年的 365 天。如果再加上大王的一点，正符合闰年的天数。扑克中的 J、Q、K 共有 12 张，表示一年有 12 个月，又表示太阳在一年内经过 12 个星期。

模糊数学

1965 年，美国人扎德发表了论文《模糊集合论》，用"隶属函数"这个概念来描述现象差异中的中间过渡，标志着模糊数学这门学科的诞生。

在较长时间里，精确数学及随机数学在描述自然界多种事物的运动规律中，获得显著效果。但是，在客观世界中还普遍存在着大量的模糊现象。以前人们回避它，但是，由于现代科技所面对的系统日益复杂，模糊性总是伴随着复杂性出现。

我们研究人类系统的行为，或者处理可与人类系统行为相比拟的复杂系统，如航天系统、人脑系统、社会系统等，参数和变量甚多，各种因素相互交错，系统很复杂，它的模糊性也很明显。从认识方面说，模糊性是指概念外延的不确定性，从而造成判断的不确定性。

模糊数学已初步应用于模糊控制、模糊识别、模糊聚类分析、模糊决策、模糊评判、系统理论、信息检索、医学、生物学等各个方面。在气象、结构力学、控制、心理学等方面已有具体的研究成果。然而模糊数学最重要的应用领域是计算机智能，不少人认为它与新一代计算机的研制有密切的联系。

体育运动中的数学

一年一度的运动会马上就要开始了，同学们跃跃欲试，纷纷在课余时间锻炼身体，想在赛场上一显身手。但在某一天的数学课堂上，大家却对老师的提问哑口无言：田径场上为何有这么多不同的起跑线？而起跑线的差距又有什么数学关系呢？

标准田径场由两个直段跑道区和两个半圆形的跑道区所组成。由于在弯道上比赛，越外圈的跑道（一般设有 4～8 条）越长。所以为了公平起见，不同的跑道便需要采用不同的起跑线了。

至于老师问的第二个相关的问题：起跑线的差距有何数学关系？则可首先从扇形圆中的不同弧长说起。

如图，设 O 为圆心，弧长 s 的半径为 r，

弧长 s' 的半径为 $(r+d)$，

弧长 s'' 的半径为 $(r+2d)$。

则 $s=r\theta$

$s'=(r+d)\theta=s+\theta\times d$

而 $s''=s+2\theta\times d=s'+\theta\times d$

$\therefore s'-s=\theta\times d$；$s''-s=\theta\times 2d$；$s''-s'=\theta\times d$

若 $d=1$，$s'-s=s''-s'=\theta$

由此得知：$\{s,\ s',\ s''\}$ 乃一个等差级数，其公差为 θ。

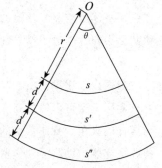

基于把"公差"应用在不同弧长上的理解和根据标准田径场的量度资料，便不难找出起跑线之间的差距了。

用现代数学方法研究体育运动是从 20 世纪 70 年代开始的。1973 年，美国的应用数学家 J·B·开勒发表了赛跑的理论，并用他的理论训练中长跑运动员，取得了很好的成绩。

田径比赛

数学在体育训练中也在发挥着越来越明显的作用。所用到的数学内容也相当深入。主要的研究方面有：赛跑理论，投掷技术，台球的击球方向，跳高的起跳点，足球场上的射门与守门，比赛程序的安排，博弈论与决策等。

几乎同时，美国的计算专家艾斯特运用数学、力学，并借助计算机研究了当时铁饼投掷世界冠军的投掷技术，从而提出了他自己的一套运动训练的理论。之后他根据这个理论，又提出了改进投掷技术的训练措施，从而使这位世界冠军在短期内将成绩提高了 4 米，在一次奥运会的比赛中创造了连破三次世界纪录的辉煌成绩。

举个例子。1982 年 11 月在印度举行的亚运会上，曾经创造男子跳高世界纪录的我国著名跳高选手朱建华已经跳过 2 米 33 的高度，稳获冠军。于是，他开始向 2 米 37 的高度进军。只见他几个碎步，快速助跑，有力地弹跳，身体腾空而起，他的头部越过了横杆，背部越过了横杆，臀部、大腿甚至小腿都越过了横杆。可惜，脚跟擦到了横杆，横杆摇晃了几下，掉了下来！

问题出在哪里？出在起跳点上。那么如何选取起跳点呢？

实际上这可以通过建立一个数学模型，其中涉及起跳速度、助跑曲线与横杆的夹角、身体重心的运动方向与地面的夹角等诸多因素，来研究如何改进起跳、助跑等动作取得更好的成绩。这些例子说明数学在运动场上可以找到很多要研究的问题，应用是大有潜力。

美国布鲁克林学院物理学家布兰卡对篮球运动员投篮的命中率进行了

研究。他发现篮球脱手时离地面越高，命中率就越大。这说明，身材高对于篮球运动员来讲，是一个有利的条件，这也说明为什么篮球运动员喜欢跳起来投篮。

投篮动作

根据数学计算，抛出一个物体，在抛掷速度不变的条件下，以45°角抛出所达到的距离最远。可是，这只是纯数学的计算，只适用于真空的条件下，而且，抛点与落点要在同一个水平面上。而实际上，我们投掷器械时并不是在真空里，要受到空气阻力、浮力、风向以及器械本身形状、重量等因素的影响。另外，投掷时出手点和落地点不在同一水平面上，而是形成一个地斜角（即投点、落点的连线与地面所成的夹角）。出手点越高，地斜角就越大。这时，出手角度小于45°，则向前的水平分力增大，这对增加器械飞行距离有利。下面是几种体育器械投掷最大距离的出手角度：铅球38°～42°，铁饼30°～35°，标枪28°～33°，链球、手榴弹42°～44°。

知识点

田　径

田径或称田径运动是径赛、田赛和全能比赛的全称。以高度和距离长度计算成绩的跳跃、投掷项目叫"田赛"；以时间计算成绩的竞走和跑的项目叫"径赛"。田径比赛由田赛、径赛、公路路跑、竞走和越野跑组成，此外还包括部分田赛和径赛项目组成的"十项全能"。

据记载，最早的田径比赛，是公元前776年在希腊奥林匹克村举行的第一届古代奥运会上进行的，项目只有一个——短距离赛跑，跑道为一条直道，长192.27米。到公元前708年的第10届奥运会上，才正式列入了跳远、铁饼、标枪等田赛项目。

奥林匹克精神

国际奥委会在《奥林匹克宪章》中"奥林匹克主义的原则"条款中有这样一段话："每一个人都应享有从事体育运动的可能性，而不受任何形式的歧视，并体现相互理解、友谊、团结和公平竞争的奥林匹克精神。"

奥运精神是"更快、更高、更强"，支撑和造就"更快、更高、更强"的是"自信、自强、自尊"。这既是奥运精神的原动力，更是奥运精神的境界升华。奥运会不仅是世界性的体育竞技比赛，而且象征着世界的和平、友谊和团结，这就是奥运精神。

奥运是友谊、团结和公平竞争的，目的是让我们更加了解对方，并且让队友们更加团结努力取得胜利。奥运会是集体育精神、民族精神和国际主义精神于一身的世界级运动盛会。其比赛过程不仅反映了一个国家的体育运动水平，而且是一个国家、一个民族综合实力和民族素质的具体体现。奥运精神旨在鼓励人们应该在自己生活的各个方面不断地超越自我、不断地更新，永远保持勃勃的朝气。

电脑算命里的数学玄机

郑先生发现自己上初二的女儿小灵迷上了算命。她每天晚上不看书，躲在自己的房间里，把班里同学的名字都写在一张纸上，然后写上星座、生肖、血型等信息，看哪个男生和哪个女生"比较配"。

经过询问，郑先生才知道这是女儿从一家星座预测网站上学来的。女儿告诉父亲，时下，这种"电脑算命"在她们同学中十分流行。"星座"、"血型"等词语时常被同龄人挂在嘴边。甚至有的同学还会说出这样的"惊人之语"："这次期末考试考得不好，是因为那天我没有学业运。""我是金牛座的，以后要找个处女座的男人做老公，那样婚姻会很幸福。"

一份以北京初高中生为对象的调查报告显示：认为烧香拜神有效的，

100 个中学生里仅有 1 个，但相信"星座决定命运"的，100 个中学生中就有 40 个。

同样是迷信思想，难道经过诸如星座、占卜等形式的"革新"，然后再用高科技的电脑一包装，就真的能决定人的命运吗？

电脑算命就真的那么神乎其神吗？其实这充其量不过是一种电脑游戏而已。我们用数学上的抽屉原理很容易说明它的荒谬。

抽屉原理又称鸽笼原理或狄利克雷原理，它是数学中证明存在性的一种特殊方法。举个最简单的例子，把 3 个苹果按任意的方式放入 2 个抽屉中，那么一定有一个抽屉里放有 2 个或 2 个以上的苹果。这是因为如果每一个抽屉里最多放有一个苹果，那么 2 个抽屉里最多只放有 2 个苹果。运用同样的推理可以得到：

原理 1　把多于 n 个的物体放到 n 个抽屉里，则至少有一个抽屉里有 2 个或 2 个以上的物体。

原理 2　把多于 mn 个的物体放到 n 个抽屉里，则至少有一个抽屉里有 $m+1$ 个或多于 $m+1$ 个的物体。

现在我们回到电脑算命中来，假设我们把人的寿命按 70 岁计算，那么人的出生的年、月、日以及性别的不同组合就有 $70×2×365＝51100$ 种。具体的情况，我们把这 51100 种具体的命运情况看作抽屉总数，那么假设我国人口为 11 亿，我们把这 11 亿人口作为往抽屉里放的物体数，因为 $1.1×10^9＝21526×51100＋21400$，根据抽屉原理 2，在 11 亿人口中至少有 21526 人尽管他们的性别、出身、资历、地位等各方面完全不同，但他们一定有相同的电脑里事先存储的"命运"，这就是电脑算命的"科学"原理。

在我国古代，早就有人懂得用抽屉原理来揭露生辰八字之谬。如清代陈其元在《庸闲斋笔记》中就写道："余最不信星命推步之说，以为一时（指一个时辰，合两小时）生一人，一日生十二人，以岁计之则有四千三百二十人，以一甲子（指六十年）计之，止有二十五万九千二百人而已，今只以一大郡计，其户口之数已不下数十万人（如咸丰十年杭州府一城八十万人），则举天下之大，自王公大人以至小民，何只亿万万人，则生时同者必不少矣。其间王公大人始生之时，必有庶民同时而生者，又何贵贱贫富之不同也？"在这里，一年按 360 日计算，一日又分为 12 个时辰，得到的抽屉数为 $60×360×12＝259200$。

所以，所谓"电脑算命"不过是把人为编好的算命语句像中药柜那样事先分别——存放在各自的柜子里，谁要算命，即根据出生的年、月、日、性别的不同的组合按不同的编码机械地到电脑的各个"柜子"里取出所谓命运的句子。这种在古代迷信的亡灵上罩上现代科学光环的勾当，是对科学的亵渎。

狄利克雷

狄利克雷（1805—1859），德国数学家。对数论、数学分析和数学物理有突出贡献，是解析数论的创始人之一。1822—1826 年在巴黎求学，深受傅立叶的影响。回国后先后在布雷斯劳大学、柏林军事学院和柏林大学任教 27 年，对德国数学发展产生巨大影响。

在分析学方面，他是最早倡导严格化方法的数学家之一。1837 年他提出函数是 x 与 y 之间的一种对应关系的现代观点。他构造了狄利克雷级数。1838—1839 年，他得到确定二次型类数的公式。1846 年，使用抽屉原理阐明代数数域中单位数的阿贝尔群的结构。他的《数论讲义》对高斯划时代的著作《算术研究》作了明晰的解释并有创见，使高斯的思想得以广泛传播。

在数学物理方面，他对椭球体产生的引力、球在不可压缩流体中的运动、由太阳系稳定性导出的一般稳定性等课题都有重要论著。1850 年发表了有关位势理论的文章，论及著名的第一边界值问题，现称狄利克雷问题。

生活中的"8"

在古代，我国许多事物，都被人们有意地用上了"八"。

风景点，要凑成"八"景。比如羊城八景、太原八景、桂林八景、沪上八景、芜湖八景等。这些八景的共同特点，绝大多数是雨、雪、霞、烟、风、荷、钟、月这八景。

搞建筑，离不开"八"字。比如，亭子要修成八角形的，塔要修成八边形的，井口要砌成八角形的。

人才的聚分，要用上"八"。比如，神话中有八仙过海，唐代诗人中有酒中八仙、散文作家有唐、宋八大家，画家有扬州八怪，清朝的军队编制分为八旗，其后人称为"八旗子弟"。

其他方面，"八"字也被广泛应用，诸如诸葛亮的八阵图、拳术中的八卦掌、高级菜肴中的八珍、调料中的八味、中国书法的八体、方位中的八方、节气中的八节……

就是现在，"八"字仍然是我国人民最欢迎的一个数。无论是电话号码，还是汽车牌号，人们都抢着要"8"的号码。

怎样缩短烤肉片的时间

现代人注重生活品质，一到闲暇时往往会选择到户外郊游，呼吸新鲜空气，亲近大自然。烧烤便是近年来很流行的一种休闲方式。

又是秋高气爽、风清云淡的季节，小林和爸爸妈妈一起来到郊外一个知名的度假村，享受悠闲的假日时光。

爸爸自告奋勇充当起了烧烤师，他拿出自带的烧烤架忙活起来，不过小林和妈妈有些等不及了："什么时候才能烤好啊？"爸爸也很无奈："这个烧烤架每次只能烤两串肉，一串肉要烤两面，而一面还需要 10 分钟。我同时烤两串的话，得花 20 分钟才能烤完。要烤第三串的话还得花 20 分钟。所以三串肉全部烤完需 40 分钟。"

小林却不这么认为，他低着头想了一会儿就大声对爸爸喊道："你可以更快些，爸爸，我知道你可以用 30 分钟就烤完三串肉。"

啊哈，小林究竟想出了什么好主意呢？你知道吗？

为了说明小林的解法，我们设肉串为 A、B、C。每串肉的两面记为 1、2。第一个 10 分钟先烤 A1 和 B1。然后把 B 肉串先放到一边，再花 10 分钟

烤肉片

炙烤 A2 和 C1。此时肉串 A 可以烤完。再花 10 分钟炙烤 B2 和 C2。这样一来，仅花 30 分钟就可以烤完三串肉。小林的方法是不是很棒？我们在实际生活中是不是会经常碰到诸如此类的问题呢？那你有没有开动脑筋仔细想过呢？

其实这个简单的组合问题，属于现代数学中称为运筹学的分支。这门学科奇妙地向我们揭示了一个事实：如果有一系列操作，并希望在最短时间内完成，统筹安排这些操作的最佳方法并非马上就能一眼看出。初看是最佳的方法，实际上大有改进的余地。在上述问题中，关键在于烤完肉串的第一面后并不一定马上去烤其反面。

提出诸如此类的简单问题，可以采用多种方式。例如，可以改变烤肉架所能容纳肉串的数目，或改变待烤肉串的数目，或两者都加以改变。另一种生成问题的方式是考虑物体不止有两个面，并且需要以某种方式把所有的面都予以"完成"。例如，某人接到一个任务，把"n"个立方体的每一面都涂抹上红色油漆，但每个步骤只能够做到把"k"个立方体的顶面涂色。

上述问题用到了运筹学的思想，实际上运筹学的思想在古代就已经产生了。敌我双方交战，要克敌制胜就要在了解双方情况的基础上，使用最优的对付敌人的方法，这就是"运筹帷幄之中，决胜千里之外"的说法。中国战国时期，曾经有过一次流传后世的赛马故事，相信大家都知道，这就是田忌赛马。田忌赛马的故事说明在已有的条件下，经过筹划、安排，选择一个最好的方案，就会取得最好的效果。可见，筹划安排是十分重要的。

 **知识点**

运 筹 学

　　运筹学的活动是从二战初期的军事任务开始的。当时迫切需要把各项稀少的资源以有效的方式分配给各种不同的军事经营及在每一经营内的各项活动，所以美国及随后美国的军事管理当局都号召大批科学家运用科学手段来处理战略与战术问题，这些科学家小组正是最早的运筹小组。运筹学成功地解决了许多重要作战问题，显示了科学的巨大物质威力。

　　运筹学主要研究经济活动和军事活动中能用数量来表达的有关策划、管理方面的问题。当然，随着客观实际的发展，运筹学的许多内容不但研究经济和军事活动，有些已经深入到日常生活当中去了，比如解决交通拥堵、排队问题等等。运筹学可以根据问题的要求，通过数学上的分析、运算，得出各种各样的结果，最后提出综合性的合理安排，以收到最好的效果。

 **延伸阅读**

怎样最快地逃离火海

　　出现灾情时，时间就是一切，什么样的曲线使人能最快地逃离火海呢？这就是所谓最速降线问题，也称捷线问题。

　　1696年瑞士数学家约翰·伯努利提出这个著名的问题，向当时的著名的数学家挑战。他这样表述这个问题：“设想一个质点沿着一条没有摩擦的曲线只在重力的作用下由 A 点向较低的一点 B 下滑，那么沿着什么样的连接 A 和 B 的曲线，使该质点下滑所需时间最短？”

　　显然，直线不是最速降线，伽利略曾认为是圆弧，这也是错误的。1697年牛顿、莱布尼茨等5位数学家独立地得出正确的解答：最速降线是上凹的旋轮线，由此产生数学的一个新分支——变分法。这门学科也是研究极大极小问题的，但是它与微分法中所讨论的极大极小问题有所不同。在微分法中的极大极小问题中要求极大极小的量只依赖于一个或几个数值变量，问题是求函数的极大极小值。而在变分法中，要求的极大极小的量，例如最速降线中的时间，却依赖整条的曲线（或函数）。因此这个量是曲线或函数的函数，后来我们称为泛函。所以变分法研究泛函的极值问题，它要求的是函数或曲线。从这个观点看，最古老的变分法问题不是最速降线，而是等周问题。

交通拥堵中的"排队论"

　　小军每天都坐爸爸的车去上学，他们几乎每天都是早上 7 点半出门，然后在路上花半个小时到学校。又是一个星期一，小军由于贪睡晚起了一会儿，于是他顾不上吃早餐就赶紧要爸爸送他去学校，即使是这样还是比平时晚了 5 分钟出门。7 点 35 分，他们准时出发，没想到，这样一来，小军竟然比平时晚了半个小时到学校。

排队等车

　　小军在责怪自己贪睡的同时，想到一个问题："为什么只是晚了 5 分钟出门，却多花了半个小时的时间在路上呢？"出现这种结果，当然与交通拥堵有关，但是它与数学又有什么关系呢？

　　小军提出的这个问题实际上属于数学中一个有趣的部分，叫做"排队论"。

小军居住在大城市北京，他从家到学校有一套红绿灯系统。城市中的红绿灯通常设计得对交通状况很敏感。比如 30 秒内如果没有车通过红绿灯前面的传感器，灯就会变为红色。然而在上下班的高峰期，车辆不断通过传感器，灯就在预编程序上保持绿色。在城市的主干道上，红绿灯序列恰好是20秒绿之后40秒红，一段绿灯时间足够让10辆车通过。这意味着平均每分钟有10辆车通过城市路上的红绿灯。这就是红绿灯的"服务率"。

早上城市路上，大概是从6时开始稍稍有人，7时变得人流较稳定，8时上升为大量拥至，然后再减少，到10时车辆就更少了。只要进入城市路的车辆数（"到达率"）在每分钟10辆以下，同时车辆分布均匀，红绿灯就能应付。每分钟进入路上的车辆都能在单独一段绿灯时间内通过。尽管这套系统能应付每分钟10辆均匀分布的车，但只要驶来第十一辆车，就开始堵车。于是开始排成持久而增长的队，等候红绿灯的转换。

我们从上午8时开始，这时车还没有排成队，红绿灯转成红色了。

时　　间	下一分钟到达的车	1分钟内经过红绿灯的车	1分钟后红绿灯转成红色时的排队长度
8：00	11	10	1
8：01	11	10	2
8：02	11	10	3
8：03	11	10	4
……	11	10	……
8：20	11	10	21

所以在20分钟内，排队的车达到21辆。事实上情况比这更坏。首先，交通拥挤时间形成时，到达率愈来愈高，于是到了8：20，它可能上升到每分钟20辆车，而只有10辆车通过红绿灯，因此发生一个问题：当排队长度变长时，可能开始会排到路上先前的一套红绿灯处，这意味着一些车辆甚至不能在先前的红绿灯显示绿色时通过那里。除此以外，再加上车辆到达时并非均匀分布而是呈会合状态的实际情况，就可以知道将要出现交通拥堵了。

如果红绿灯处排成队的车有25辆，而小军爸爸的车是其中最后一辆，那么他不仅不能一直通过这套红绿灯，还得等候红绿灯2次变换的持续时间，他这一批10辆车才能通过。如果红绿灯的变换只是每分钟一次，这意味着他在路上已经失去至少2分钟。所以说小军虽然晚出门5分钟却晚到学校半小时，其根本原因在于红绿灯的服务率不够高，不能应付特大的交通量。

排队现象由两个方面构成，一方面得到服务，另一方面给予服务。我们把要求得到服务的人或物（设备）统称为顾客，给予服务的服务人员或

红绿灯

服务机构统称为服务台（有时服务员专指人，而服务台是指给予服务的设备）。顾客与服务台就形成一个排队系统，或称为随机服务系统，显然，缺少顾客或服务台任何一方都不会形成排队系统。

排队现象有的是以有形的形式出现，例如上下班等公交车等，这种排队我们称为有形排队；有的是以无形的形式出现，例如有许多顾客同时打电话到售票处订购机票，当其中一个顾客正在通话时，其他顾客就不得不在各自的电话机旁边等待，他们可能分散在各个地方，但却形成一个无形的队列，这种排队现象称为无形排队。

在各种排队系统中，随机性是它们的一个共性，而且起着根本性的作用。顾客的到达间隔时间与顾客所需的服务时间中，至少有一个具有随机性，否则问题就太简单了。

排队论主要研究描述系统的一些主要指标的概率分布，分为三大部分：

（1）排队系统的性态问题。研究排队系统的性态问题就是研究各种排队系统的概率规律，主要包括系统的队长、顾客的等待时间和逗留时间以及忙期等的概率分布，包括它们的瞬时性质和统计平衡下的性态。排队系统的性态问题是排队论研究的核心，是排队系统的统计推断和最优化问题的基础。从应用方面考虑，统计平衡下的各个指标的概率性质尤为重要。

（2）排队系统的统计推断。了解和掌握一个正在运行的排队系统的规律，需要通过多次观测、搜集数据，然后利用数理统计的方法对得到的数据进行加工处理，推断所观测的排队系统的概率规律，从而应用相应的理

最完美的发明——数学

论成果来研究和解决排队系统的有关问题。排队系统的统计推断是已有理论的成果应用实际系统的基础性工作，结合排队系统的特点，发展这类特殊随机过程的统计推断方法是非常必要的。

（3）排队系统的最优化问题。排队系统的最优化问题包括系统的最优设计和已有系统的最优运行控制，前者是在服务系统设置之前，对未来运行的情况有所估计，使设计人员有所依据。后者是对已有的排队系统寻求最优运行策略，例如库房领取工具，当排队领取工具的工人太多，就增设服务员，这样虽然增加了服务费用，但另一方面却减少了工人领取工具的等待时间，即增加了工人的有效生产时间，这样带来的好处可能远远超过服务费用的增加。

学习和应用排队论知识就是要解决客观系统的最优设计或运行管理，创造更好的经济效益和社会效益。

统计推断

统计推断是根据带随机性的观测数据（样本）以及问题的条件和假定（模型），而对未知事物作出的，以概率形式表述的推断。它是数理统计学的主要任务，其理论和方法构成数理统计学的主要内容。在数理统计学中，统计推断问题常表述为如下形式：所研究的问题有一个确定的总体，其总体分布未知或部分未知，通过从该总体中抽取的样本（观测数据）作出与未知分布有关的某种结论。

随 机 性

随机性是偶然性的一种形式，具有某一概率的事件集合中的各个事件所表现出来的不确定性。随机性事件有以下一些特点：①事件可以在基本相同的条件下重复进行。②在基本相同条件下某事件可能以多种方式表现出来，事先不能确定它以何种特定方式发生。③事先可以预见该事件以各种方式出现的所有可能性，预见它以某种特定方式出现的概率，即在重复过程中出现的频率。

假设现实世界中有必然发生的事件，也有根本不可能出现的事件，随机事件是介于必然事件与不可能事件之间的现象和过程。自然界、社会和思维领域的具体事件都有随机性。宏观世界中必然发生的、确定性的事件在其细节上会带有随机性的偏离。微观世界中个别客体的运动状态都是随机性的。物质生产中产品的合格与否，商品的价格波动，科学实验中误差的出现，信息传递中受到的干扰等，也往往是随机性的。对随机事件、随机变量、随机抽样、随机函数的研究是现代数学的概率论与数理统计的重要内容，并被广泛应用于自然科学、社会科学和工程技术中。

用数学原理证明"旁观者效应"

近年来，我们经常看到某某新闻或报纸的头版头条纷纷报道，某人在众目睽睽之下落水，周围有许多人围观看"热闹"，却没有一个人施予援手，终于等到某个人"善心大发"去打110报警。等警察和医护人员赶到时，落水者却由于没有得到及时的救助而死亡。

为什么围观的人没有一个人援助受害者？人们普遍归因于世态炎凉。但心理学家有不同的看法，他们通过大量的实验和研究，表明在公共场所观看危机事件的旁观者越多，愿意提供帮助的人就越少，这被称为"旁观者效应"。而这一现象也可通过数学原理得以证明。

心理学家猜测，当旁观者的数目增加时，任何一个旁观者都会更少地注意到事件的发生，更少地把它解释为一个重大的问题或紧急情况，更少地认为自己有采取行动的责任。我们可以用经济学中的"纳什均衡"。简单说来，纳什均衡是指相互作用的经济主体，每一方都在另一方所选择的战略为既定时，选择自己的最优战略。一旦双方达到了这种纳什均衡，都不会再有做出不同决策的冲动。定量地说明，在人数变多时，的确是任何一个人提供帮助的可能性变小，而且存在某人提供帮助的可能性也在变小。

通俗地说，在开头的案例中，围观者越多，报警的可能性越小。

在这里我们假设人都是利益动物（也就是说下面的分析不考虑社会心理学中提到的人的心理因素），在最开始的落水案件中，假设有 n 个围观者，有人提供帮助（报警），每个人都能得到 a 的固定收益，但报警者会有额外损失 b（可以看成提供帮助所消耗的时间、精力或者报警者所可能遇到的危险——怕被反咬一口）。

容易知道，在 $b>a$ 时，一个完全理性的人不可能去报警，所以我们只考虑 $0\leqslant b\leqslant a$ 的情形。我们来分析一下，在这个模型里面，每个人将如何行动。

按照上面的假定，对于某个人 A 而言，他的收益矩阵为：

	其他 $n-1$ 个人不报警	其他 $n-1$ 个人中有人报警
A 不报警	0	a
A 报警	$a-b$	$a-b$

我们求上面的收益矩阵的纳什均衡，由于每个人都是对称的（暂且只考虑对称的纳什均衡），不妨假设每个人不报警的概率为 p，不难得到纳什均衡在 $p=(b/a)^{1/(n-1)}$ 达到。注意 p 是随着人数 n 增大而增大的。更重要的是，存在某人报警的概率 $1-p^n=1-(b/a)^{1/(n-1)}$ 随着人数的增加而减少。

注意，上面的结果也提供了报警的概率与 b/a 的相关关系。

于是我们得出更多推断：

相对而言，城市居民比小乡村居民更冷漠：在人少的地方获得帮助的可能性反而更大。

朋友并不是越多越好。

求助时不要同时向若干人求助，即便如此也不要让他们互相知道。

更多人看热闹并不代表着社会道德水平更低。

一个社会的道德水平，如不考虑别的因素（社会和心理上的），将由 a 和 b 的比值决定，而在受益 a 确定的情况下，完全由 b 决定，这里的 b 是指提供帮助的成本（包括时间、精力以及有可能招致的打击报复，甚至忘恩负义者的反咬）。

和谐社会，需要努力降低前面的 b 值，例如通过给予物质上或者精神上的奖励。

最完美的发明——数学

纳　什

纳什——一位有着传奇人生的数学天才，影片《美丽心灵》是一部以纳什的生平经历为基础而创作的人物传记片。该片荣获 2002 年多项奥斯卡金像奖。

纳什生于 1928 年，他的数学天分大约在 14 岁开始展现。他在普林斯顿大学读博士时刚刚 20 出头，但他的一篇关于非合作博弈的博士论文和其他相关文章，确立了他博弈论大师的地位。在 20 世纪 50 年代末，他已是闻名世界的科学家了。

然而，正当他的事业如日中天的时候，30 岁的纳什得了严重的精神分裂症。他的妻子艾利西亚表现出钢铁一般的意志：她挺过了丈夫被禁闭治疗、孤立无援的日子，走过了唯一儿子同样罹患精神分裂症的震惊与哀伤……漫长的半个世纪之后，她的耐心和毅力终于创下了了不起的奇迹：和她的儿子一样，纳什教授渐渐康复，并在 1994 年获得诺贝尔经济学奖。

纳什通过数学发现自己

纳什在普林斯顿大学读书时，一次去造访爱因斯坦，向他讲述自己对于重力的看法。在一个小时的讨论之后，爱因斯坦对纳什说："年轻人，你应该来学一点儿物理。"然而纳什没有遵从他的建议。他认为只有学习数学才能令他重新发现自己。1949 年纳什开始研究被当时数学界人士认为是丑姑娘的对策理论。对策理论的创始人是美国数学家约翰·冯·诺伊曼，1944 年，诺伊曼和摩根斯顿共同撰写的《对策理论与经济行为》出版，标志着现代系统对策理论的诞生。在诺伊曼和摩根斯顿眼里，经济是一种完全科学性的行为，需要数学理论对它进行规范。

1950 年，纳什发表了他的"非合作对策"博士论文，提出了诺伊曼的合作对策论相对立的观点。纳什在论文中引入了著名的"纳什均衡"理论，对有混合利益的竞争者之间的对抗进行了数学分析。纳什向诺伊曼提出他的理论，但是被简单地认为是"对已完善定理的新译法"。但诺伊曼这一回却是大错特错，纳什的非合作对策论，不但奠定了对策论的数学基础，而且在后来得到了商业策略家的广泛应用。

善用自己身上的"尺子"

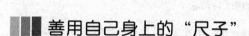

春暖花开，正是春游的好时候。3 月的一天，小军所在的班级组织大家去郊外踏青。一路上，大家有说有笑，兴致很高。班主任何老师指着不远处的一棵白杨树问小军："你有办法测出我们现在所在的地点和前方那棵大树之间的距离吗？"老师的这个问题难倒了小军，又没有尺子，怎么测呢？这时候，一直在旁边倾听的小林插话了："老师，我有办法。"那在没有测量工具的情况下，小林是如何做到的呢？

原来，小林是用自己的大拇指和手臂来测量距离的。而这种"大拇指测距法"是部队中狙击手必备的技能。

"大拇指测距法"是利用数学中的直角三角形三角函数来测量距离的。下面我们就为大家详细讲解这种方法。

假设小林他们所在的地点距离大树有 n 米，测量他们到目标物的距离可以分为以下几个步骤：

1. 水平伸直右手臂，右手握拳并立起大拇指。

2. 用右眼（左眼闭）将大拇指的左边与目标物重叠在一条直线上。

3. 右手臂和大拇指不动，闭上右眼，再用左眼观测大拇指左边，会发现这个边线离开目标物右边一段距离。

4. 估算这段距离（这个也可以测量），将这个距离乘以 10，得数就是我们距离目标物的约略距离。

我们还可以画一个更简单的图形来解释。

如图，我们可以利用比例三角形原理求出要测的距离。

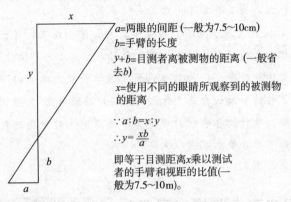

a=两眼的间距 (一般为7.5~10cm)

b=手臂的长度

y+b=目测者离被测物的距离 (一般省去b)

x=使用不同的眼睛所观察到的被测物的距离

$\because a:b=x:y$

$\therefore y=\dfrac{xb}{a}$

即等于目测距离x乘以测试者的手臂和视距的比值(一般为7.5~10m)。

当然，此方法需要一定的经验，有些客观的东西可以提供一些参考，如房屋大小以及房屋的间隔一般在 10 米左右，或者电线杆间隔为 50 米，城镇电线杆为 100 米，高压电塔为 200 米。需要自己平时多加练习才能够真正做到熟练使用，测量误差也会较小。

其实，我们每个人身上都携带着几把现成的"尺子"。

1. 双脚

用双脚测量距离，首先要知道自己的步子有多大，走得快慢有个谱。不然，也是测不准确的。

军队中对步子的大小有统一的规定，齐步走时，1 单步长 75 厘米，走 2 单步为 1 复步，1 复步长 1.5 米；行进速度为每分钟 120 单步。

为什么规定步长 1.5 米、步速为每分钟 120 单步呢？这是根据经验得来的。无数次测验的结果说明：一个成年人的步长，大约等于他眼睛距离地面高度的 1/2，例如某人从脚跟到眼睛的高度是 1.5 米，他的步长就是 75 厘米。如果你有兴趣的话，不妨自己量量看。

还有一个经验：我们每小时能走的千米数，恰与每 3 秒钟内所迈的步数相同。例如，你平均 3 秒钟能走 5 单步，那每小时你就可以走 5 千米。不信，也可以试一试。

这两个经验，只是个概数，对每个人来说，不可能一点儿不差，这里有个步长是否均匀、快慢能否保持一致的问题。要想准确地测定距离，就要经常练习自己的步长和步速。

掌握了自己的步长和步速，步测就算学会了。步测时，只要记清复步

最完美的发明——数学

数或时间，就能算出距离。例如，知道自己的复步长 1.5 米，数得某段距离是 540 复步，这段距离就是：540×1.5 米 $=810$ 米。若知道自己的步速是每分钟走 54 复步，走了 10 分钟，也可以算出这段距离：$54 \times 10 = 540$ 复步，540×1.5 米 $=810$ 米。根据复步与米数的关系，我们把这个计算方法简化为一句话："复步数加复步数之半，等于距离。"这样就能很快地算出距离来。

2. 目测

人的眼睛是天生的测量"仪器"，它既可以看近，近到自己的鼻子尖，又能看远，远到宇宙太空的天体。用眼睛测量距离，虽然不能测出非常准确的数值，但是，只要经过勤学苦练，还是可以测得比较准确的。有许多士兵就练出了一手过硬的目测本领，他们能在几秒钟内，准确地目测出几千米以内的距离，活像是一部测距机。

怎样用眼睛测量物体的距离呢？

人的视力是相对稳定的，随着物体的远近不同，视觉也不断地起变化，物体的距离近，视觉清楚，物体的距离远，视觉就模糊。

而物体的形状都有一定规律的，各种不同物体的远近不同，它们的清晰程度也不一样。我们练习目测，就是要注意观察、体会各种物体在不同距离上的清晰程度。观察得多了，印象深了，就可以根据所观察到的物体形态，目测出它的距离来。例如当一个人从远处走来，离你 2 千米时，你看他只是一个黑点；离你 1 千米时，你看他身体上下一般粗；离你 500 米时，能分辨出头、肩和四肢；离你 200 米时，能分辨出他们的面孔、衣服颜色和装备。

这种目测距离的本领，主要得靠自己亲身去体会才能学到手。别人的经验，对你并不是完全适用的。

除了步测和目测之外，我们还有许多简单易行的测距方法。

张开大拇指和中指，两端的距离（约 16.5 厘米）为"一拃"，当然每个人的手指长短不一，假如你"一拃"的长度为 8 厘米，量一下你课桌的长为 7 拃，则可知课桌长为 56 厘米。

身高也是一把尺子。如果你的身高是 150 厘米，那么你抱住一棵大树，两手正好合拢，这棵树的一周的长度就大约是 150 厘米；如果是两个人正好抱拢，那么这棵树的周长就大致是两个人的身高。因为每个人两臂平伸，两手指尖之间的长度和身高大约是一样的。

要是你想量树的高度，影子也可以帮助你。你只要量一量树的影子和自己的影子长度就可以了。因为树的高度＝树影长×身高÷人影长。这是为什么？等你学会比例以后就明白了。

你若去游玩，要想知道前面的山离你有多远，可以请声音帮你量一量。声音每秒能走340米，那么你对着山喊一声，再看几秒可听到回声，用340乘以听到回声的时间，再除以2就能算出来了。

学会用身上这几把尺子，对计算一些问题是很有好处的。同时，在日常生活中，它也会为你提供方便。

回　声

当声投射到距离声源有一段距离的大面积上时，声能的一部分被吸收，而另一部分声能要反射回来，如果听者听到由声源直接发来的声和由反射回来的声的时间间隔超过1/10秒，它就能分辨出两个声音，这种反射回来的声叫"回声"。如果声速已知，当测得声音从发出到反射回来的时间间隔，就能计算出反射面到声源之间的距离。

回声测深仪

回声探测设备是最早的一类水下声学仪器，它的工作原理是利用换能器在水中发出声波，当声波遇到障碍物而反射回换能器时，根据声波往返的时间和所测水域中声波传播的速度，就可以求得障碍物与换能器之间的距离。声波在海水中的传播速度，随海水的温度、盐度和水中压强而变化。在海洋环境中，这些物理量越大，声速也越大。常温时海水中的声速的典型值为1 500米/秒，淡水中的声速为1 450米/秒。所以在使用回声测深仪之前，应对仪器进行核定，计算值要加以校正。

回声测深仪的发明为广大海洋工作者提供了一个强有力的水深测量手段，由于它可以在船只航行时快速而准确地测得水深的连续数据，所以很快便成为水深测量的主要仪器，现在它已广泛地应用于航道勘测、水底地形调查、海道测量、船只导航定位等方面。

拱中的曲线数学

在河北省石家庄市东南约 40 千米的赵县城南 2.5 千米处，坐落着一座闻名中外的石桥——赵州桥。它横跨洨水南北两岸，建于隋朝大业元年至十一年（605—616），由匠师李春监造。因桥体全部用石料建成，俗称"大石桥"。

赵州桥结构新奇，造型美观，全长 50.82 米，宽 9.6 米，跨度为 37.37 米，是一座由 28 道独立拱圈组成的单孔弧形大桥。在大桥洞顶左右两边的拱肩里，各砌有两个圆形小拱。虽然赵州桥距今已有 1 300 多年的历史，但仍屹立不倒。这和其设计采用具有美丽数学曲线的拱是分不开的。

早在 1 300 多年前，我国劳动人民就想到了把赵州桥筑成拱桥，这是中国劳动人民的智慧和才干的充分体现。

首先，采用圆弧拱形式，改变了我国大石桥多为半圆形拱的传统。我国古代石桥拱形大多为半圆形，这种形式比较优美、完整，但也存在两方面的缺陷：一是交通不便，半圆形桥拱用于跨度比较小的桥梁比较合适，而大跨度的桥梁选用半圆形拱，就会使拱顶很高，造成桥高坡陡、车马行人过桥非常不便；二是施工不利，半圆形拱石砌石用的脚手架就会很高，增加施工的危险性。为此，赵州桥的设计者李春和工匠们一起创造性地采用了圆弧拱形式，使石拱高度大大降低。赵州桥的主孔净跨度为 37.02 米，而拱高只有 7.25 米，拱高和跨度之比为 1：5 左右，这样就实现了低桥面和大跨度的双重目的，桥面过渡平稳，车辆行人非常方便，还具有用料省、施工方便等优点。

其次，采用敞肩。这是李春对拱肩进行的重大改进，把以往桥梁建筑中采用的实肩拱改为敞肩拱，即在大拱两端各设两个小拱，靠近大拱脚的

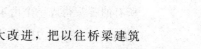

赵州桥

最完美的发明——数学

小拱净跨为 3.8 米，另一拱的净跨为 2.8 米。这种大拱加小拱的敞肩拱具有优异的技术性能，首先可以增加泄洪能力，减轻洪水季节由于水量增加而产生的洪水对桥的冲击力。每逢汛期，水势较大，对桥的泄洪能力是个考验，4 个小拱就可以分担部分洪流，据计算 4 个小拱可增加过水面积 16％左右，大大降低洪水对大桥的影响，提高大桥的安全性。其次，敞肩拱比实肩拱可节省大量土石材料，减轻桥身的自重，据计算 4 个小拱可以节省石料 26 立方米，减轻自身重量 700 吨，从而减少桥身对桥台和桥基的垂直压力和水平推力，增加桥梁的稳固。第三，造型更加优美，4 个小拱均衡对称，大拱与小拱构成一幅完整的图画，显得更加轻巧秀丽，体现建筑和艺术的完整统一。第四，符合结构力学理论，敞肩拱式结构在承载时使桥梁处于有利的状况，可减少主拱圈的变形，提高了桥梁的承载力和稳定性。

最后还采用了单孔。我国古代的传统建筑方法，一般比较长的桥梁往往采用多孔形式，这样每孔的跨度小、坡度平缓，便于修建。但是多孔桥也有缺点，如桥墩多，既不利于舟船航行，也妨碍洪水宣泄；桥墩长期受水流冲击、侵蚀，天长日久容易塌毁。因此，李春在设计大桥的时候，采取了单孔长跨的形式，河心不立桥墩，使石拱跨径长达 37 米之多。这是我国桥梁史上的空前创举。

总之，拱是建筑上跨越空间的方法。拱的性质使应力可以比较均匀地通体分布，从而避免集中在中央。楔形拱石构成拱的曲线。中央是拱顶石。所有的石头构成一个由重力触发的锁定机构。重力的拉力使拱侧向外展开（推力）。反抗推力的是墙或扶壁的力。

拱

拱为常见建筑结构之一，形态定义为中央上半成圆弧曲线。拱早期经常运用于跨进大的桥梁或门首。多年以来，拱曾经有过许多数学曲线的形状（例如圆、椭圆、抛物线、悬链线），从而形成半圆形拱、内外四心桃尖拱、抛物线拱、椭圆拱、尖顶或等边拱、弓形拱、对角斜拱、上心拱、横拱、马蹄形拱、三叶形拱、凯旋门拱、减压拱、三角形拱、半拱、横隔拱、实拱或伪拱等。

西方建筑中的拱

在发明和利用拱之前，建筑结构依靠的是柱和梁，像在希腊建筑中所发现的。罗马建筑师们最先广泛应用并发展半圆形拱。除了拱以外，他们还发现并利用混凝土和砖，于是掀起了新的建筑革命。用了拱、拱顶和圆顶，罗马人就能够取消横梁和内柱。拱使他们可以把结构的重量重新安置在较少而且较结实的支撑物上。结果内部空间就宽敞了。在拱发明之前，结构必须在里面和外面都横跨在柱上，柱间距离必须仔细计算，以防横梁在过大的应力下折断。

罗马拱以圆形为基础。好几个世纪以前，建筑师们就开始不用圆，起先是用椭圆（或卵形）拱，后来用尖顶拱。这样一来，结构变高了，使光照更好，空间更大。拱的形状决定着结构的哪些部分承受重量。半圆形罗马拱跨距上的载重由墙承担，而哥特式尖顶拱的载重则经过拱传到建筑物扶壁的外部，使它可以用较高的顶篷。

建筑物中的对称

先让我们欣赏两幅图片，相信大家对图片中的建筑不会陌生。

这两座举世闻名的建筑虽然来自不同的国家，设计风格也迥然不同，

泰姬陵

但是细心的读者会发现，它们都有一个共同的特点——对称。为什么建筑师们对对称青睐有加呢？在建筑中使用对称设计，除了美观之外还有什么好处吗？

其实，只要留心就会发现，我们在数学当中学习过的对称无论在科学还是艺术中都扮演了极为重要的角色。

在建筑中最容易找到对称性的例子，其中也不乏具有相当艺术价值的经典建筑，如印度的泰姬陵、德国的科隆大教堂和中国的天坛。因为从功能的角度来看，对称性的建筑通常具有较高的稳定性，在建造的时候也更容易实现。左右对称的建筑，在视觉上就给人以稳定的印象。

泰姬陵通体用白色大理石雕刻砌成，在主殿四角，是4根圆柱形的高塔。这4根高塔的特别之处，在于都是向外倾斜12°。这种布局，使主殿不再是孤单的结构，烘托出了安详、静谧的气氛。

对称性可分为分立对称性和连续对称性。对称操作是有限个的对称，属于分立对称。比如对于镜面对称，只包含保持对象不变和镜面翻转两种操作。这两种操作的任意组合后的结果仍然是这两种操作中的某一个。泰姬陵就是典型的分立对称。连续对称性用简单的例子就可以说明。比如说，在纸上画一个圆，对这个圆相对圆心做任意小角度的旋转，这个圆保持不变，这就是连续对称性。北京的天坛就是连续对称的范例。

天坛的建筑体现了中国传统文化中天圆地方的思想。天坛祈年殿的建

筑充分体现了"天圆"的和谐构思。此殿有 3 层圆顶，表示"天有三阶"，采用深蓝色的琉璃瓦与蓝天相配，甚为融洽、美观。祈年殿建在有 3 层汉白玉石圆栏杆的祈年坛上，殿的基础还有 3 层不明显的台阶，因此共有 9 个按同一对称轴线上下排列的同心圆。此建筑还有正方的围墙，代表"地'方'"。

天 坛

整个建筑具有中华文化特色，给人以无穷遐想。

类似地，建筑的连续对称性除了具有其美学价值的同时，在多数情况下，其广泛应用还是基于连续对称性所带来的实用价值。圆形的结构也具有较高的稳定性，此外，使用同量的材料，圆形的结构具有最大的容量，这就是很多仓库建成圆柱形的原因。

知识点

泰 姬 陵

泰姬陵是印度知名度最高的古迹之一，在今印度距新德里 200 多千米外的北方邦的阿格拉城内，亚穆纳河右侧。是莫卧儿王朝第五代皇帝沙贾汗为了纪念他已故皇后阿姬曼·芭奴而建立的陵墓，被誉为"印度的珍珠"。它由殿堂、钟楼、尖塔、水池等构成，全部用纯白色大理石建筑，用玻璃、玛瑙镶嵌，绚丽夺目、美丽无比。具有极高的艺术价值，是伊斯兰教建筑中的典范之作。

最完美的发明——数学

泰姬陵中的对立统一规律

泰姬陵熟练地运用了构图的对立统一规律，使这座很简纯的建筑物丰富多姿。陵墓方形的主体和浑圆的穹顶在形体上对比很强，但它们却是统一的：它们都有一致的几何精确性，主体正面发券的轮廓同穹顶的相呼应，立面中央部分的宽度和穹顶的直径相当。同时，主体和穹顶之间的过渡联系很有匠心：主体抹角，向圆接近；在穹顶的四角布置了小穹顶，它们形成了方形的布局；小穹顶是圆的，而它们下面的亭子却是八角形的，同主体呼应。4个小穹顶同在穹顶在相似之外好包含着对比：一是体积和尺度的对比，反衬出大穹顶的宏伟；二是虚实的对比，反衬出大穹顶的庄重。细高的塔同陵墓本身形成最强的对比，它们把陵墓映照得分外端庄宏大。同时，它们之间也是统一的：它们都有相同的穹顶，它们都是简练单纯的，包含着圆和直的形式呼应；而且它们在构图上联系密切，一起被高高的台基稳稳托着，两座塔形成的矩形同陵墓主体正立面的矩形的比例是相似的，等等。除了对比着各部分有适当的联系、呼应、相似和彼此渗透之外，它们之间十分明确的主从关系保证了陵墓的统一完整。

建筑物中的几何性

下图中的两座建筑一古一今，一座是历史悠久的埃及金字塔，一座是奥运场馆"水立方"。它们的外形带有鲜明的"几何"印记，金字塔无疑是四面体或四棱锥的最纯粹表现，而"水立方"则体现了基本几何体——长方体建筑的设计思想。为什么这两座相差几千年的著名建筑都选择用几何体来表现呢？几何和建筑之间究竟有着怎样的渊源呢？

众所周知，金字塔是古代埃及人民智慧的结晶，是古代埃及文明的象征。散布在尼罗河下游西岸的金字塔大约有80座，它们是古代埃及法老（国王）的陵墓。埃及人称其为"庇里穆斯"，意思是"高"。从四面望去，它们都是上小下大的等腰三角形，很像中文"金"字，所以，人们就形象地叫它"金字塔"。

19 世纪的考古学家们一致认为，金字塔能在如此巨大的尺度下做到精确的正四棱锥，充分显示了古埃及人的几何能力。而其中的大金字塔各部位的尺寸也都含有重大的意义。

金字塔

例如大金字塔斜面面积，与将高度当做一边的正方形的面积几乎一致。

测量大金字塔的三角面的高度和底边周长的长度之间的比率，就出现了接近圆周率的值。亦即若画一个以高度为半径的圆，则其圆周就等于 4 个底边的长度。

自古希腊以来，黄金分割就被视为最美丽的几何学比率，而广泛地用于神殿和雕刻中。但在比古希腊还早 2 000 多年所建的大金字塔，它就已被完全采用了。

以上只不过是少数几则例子，因为大金字塔的神秘数字还不仅于此，许多学者就致力于寻找金字塔的几何学特性，相信在不久的将来会有更多令人兴奋的新发现。

日本著名的建筑大师安藤忠雄曾说："建筑的本质是空间的构建和场所的确立，而并不是简单的形式陈述，人类在其全部发展历史中运用几何性满足了这样的要求，它是与自然相对的理性象征。即几何学是表现建筑和人的意志的印记，而不是自然的产物。"我国著名的奥运游泳中心"水立方"就是这样一座"表现人类意志印记"的建筑。"水立方"最初设想是要体现"水的主题"。外籍设计师最初提供的是一个波浪形状的建筑方案，三名中方设计师以东方人特有的视角和思维提出了基本几何体——长方体建筑的设计思想，在他们看来，东方人更愿意以一种含蓄、平静的方式来表达对水的理解——"水，也可以是方的，不一定都是波浪。"中方设计师的"方盒子"造型得到了外籍设计师的认可，在此基础上，外籍设计师们又创

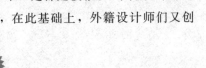

造性地为这个方盒子加入了不规则的钢结构和"水分子"膜结构创意。最终，"水立方"以基本几何体作为基准，在几何体基础上以不规则的钢结构和膜结构加以变异，体现出简单、纯净的风格。

"水立方"

在建筑空间艺术中，有限的空间必然表现为各种不同的几何形式，建筑的构成离不开几何体。所以，有人说几何性是建筑的一种天然属性，任何一个建筑师也不能使他的作品脱离这种属性。建筑师们很早就意识到这一点并开始使用它，例如吉萨金字塔是四面体最纯粹的表现，罗马斗兽场则充分体现了椭圆的魅力，古罗马的水道桥则充分表现了直线的力量，中国的长城则表现出曲线的美感。

几何学，严格地说是欧几里得几何学，对建筑学的发展的互动是客观存在的。这种作用主要表现为两种方式：第一种是影响建筑设计过程中对方案的描述，即影响设计媒体，这里最具代表性的就是透视学与阴影构图理论的应用，它们也是对建筑形式产生互动影响的潜在因素；第二种是影响建筑设计成果形式，我们发现，绝大多数的建筑形式都可以划分为基本欧式几何形体的穿插组合，比如棱锥、棱柱、立方体、多面体、网格球顶、三角形、正方形、平行四边形、圆、球、角、抛物线、悬链线、双曲抛物面、弧、椭圆等等。

各种几何形体在建筑设计中都可以被运用，在这方面并无任何限制。仅仅是它们各具有不同的特性。矩形、圆形、三角形等被运用得最多，建筑的内部空间和外部形象体现出来的三维几何体以长方体、圆柱、棱柱等最为常见。至于各种几何体的组合运用，譬如重复、并列、相交、相切、切割、贯穿等等，更是变幻无穷，没有一定之规。

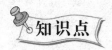

罗马斗兽场

罗马斗兽场是在公元72年，罗马皇帝韦帕芗为庆祝征服耶路撒冷的胜利，由强迫沦为奴隶的数万犹太和阿拉伯俘房修建而成的。这个用石头建起的罗马斗兽场，长188米，宽156米，高57米，由10万立方米石灰岩构成，它是罗马最大的环形竞技场了。人们相信大约300吨的铁被用来制造将石头连接起来的抓钩。从外部看，这座罗马斗兽场由一系列3层的环形拱廊组成，最高的第4层是顶阁。这3层拱廊中的石柱根据经典的标准分别设计（由地面开始，多利安式样，爱奥尼亚式样和科林斯式样）。在第4层的房檐下面排列着240个中空的突出部分，它们是用来安插木棍以支撑露天剧场的遮阳帆布，皇家舰队的水兵们负责把它撑起以帮助观众避暑、避雨和防寒，这样一来大斗兽场便成为一座1世纪的透明圆顶竞技场。

幻　　方

在数学上，一些具有奇妙性质的图案叫做"幻方"。"洛书"有3行3列，所以叫3阶幻方。这也是世界上最古老的一个幻方。

构造幻方并没有一个统一的方法，主要依靠人的灵巧智慧，正因为此，幻方赢得了无数人的喜爱。

历史上，最先把幻方当做数学问题来研究的人，是我国宋朝的著名数学家杨辉。他深入探索各类幻方的奥秘，总结出一些构造幻方的简单法则，还动手构造了许多极为有趣的幻方。被杨辉称为"攒九图"的幻方，就是他用前33个自然数构造而成的。

欧拉曾想出一个奇妙的幻方。它由前64个自然数组成，每列或每行的和都是 260，而半列或半行的和又都等于 130。最有趣的是，这个幻方的行列数正好与国际象棋棋盘相同，按照马走"日"字的规定，根据这个幻方里数的排列顺序，马就可以不重复地跳遍整个棋盘！所以，这个幻方又叫"马步幻方"。

　　近百年来，幻方的形式越来越稀奇古怪，性质也越来越光怪陆离。现在，许多人都认为，最有趣的幻方属于"双料幻方"。它的奥秘和规律，数学家至今尚未完全弄清楚呢。

数学在文艺中的应用

在我们一般人的认识里，数学属于理科范畴，是自然科学的基础工具，与文学艺术是两条平行线。它们果真没有交汇的地方吗？其实不然，看了本章内容，你将发现数学在文学与艺术领域的"神通广大"——

正是通过对几何知识的运用让平面的画布展现出一个三维的世界，凡·高画作中的那些震撼人心的漩涡式图案暗藏着一些复杂的数学公式，达·芬奇运用黄金分割知识创作的《维特鲁威人》令人惊叹，在音乐中运用数学中的平移变换往往会产生美妙的效果，乐器的各种形状里包含着丰富的数学知识，数学入诗常常会产生别样的意境之美，利用数学为武器能了结一桩桩令人困惑的文学公案……

数学在文艺中的这些妙用，也许会让你惊讶之余，眼界大开，从而感受到数学非同一般的魅力。

■■■ "分割主义"艺术

喜欢美术的朋友，尤其是对印象派有浓厚兴趣的读者应该不会对那幅油画感到陌生。没错，这幅让人迷醉的画就是法国新印象派主义画派的代表画家修拉的代表作——《大碗岛上的星期日下午》。

《大碗岛上的星期日下午》描绘的是巴黎西北方塞纳河中奥尼埃的大碗岛上一个晴朗的日子，游人们聚集在阳光下的河滨的树林间休息。有的散步，有的斜卧在草地上，有的在河边垂钓。前景上一大片暗绿色调表示阴影，中间夹着黄色调子的亮部，显示出午后的强烈阳光，草地为草绿色。

画面上都是斑斑点点的色彩，太阳照射的地方有着强烈的闪光。整幅画有着一种在强烈阳光下睁不开眼睛的感觉，而那些投射在草地上的阴影，又陡增了人物树木的立体感。人的形象好像剪影，看不清形象与表情。画面像是布满了纯色小点的碎裂面，但退远而观之，这些小点却好像融汇出一片图景，创造出一种未曾有过的美丽色彩和令人迷醉的朦胧感。那么这样一幅精美绝伦的图画中又蕴含着怎样的数学原理呢？

19世纪80年代中期，当印象主义在法国画坛方兴未艾之际，又派生出了一种新的艺术流派——新印象主义。

新印象主义利用光学科学的实验原理来指导艺术实践。自然科学的成果证明，在光的照耀下一切物体的色彩是分割的。他们认为印象主义表现光色效果的方法还不够"科学"，主张不要在调色板上调和颜料，应该在画布上把原色排列或交错在一起，让观众的眼睛进行视觉混合，然后获得一种新的色彩感受。画面上的形象由若干色点组成，好似缤纷的镶嵌画，所以该画派又被称为"点彩派"。因为它的理论是色彩分割原理，也叫"分割主义"艺术。

法国印象派画家修拉《大碗岛上的星期日下午》正是采用的这种画法。仔细看，画面由一些竖直线和水平线组成，且它们不是连续线条，而是由许多小圆点组成的，整个画面也是由小圆点组成的，看起来井井有条，整体感强烈，并且显得特别宁静。

修拉是根据自己的理论来从事创作的，他力求使画面构图合乎几何学原理，他根据黄金分割法则，将画面中物象的比例，物象与画面大小、形状的关系，垂直线与水平线的平衡，人物角度的配置等，制定出一种全新的构图类型。注重艺术形象静态的特性和体积感，建立了画面的造型秩序。

画中人物都是按远近透视法安排的，并以数学计算式的精确，递减人物的大小和在深度中进行重复来构成画面，画中领着孩子的妇女正好被置于画面的几何中心点。画面上有大块对比强烈的明暗部分，每一部分都是由上千个并列的互补色小笔触色点组成的，使我们的眼睛从前景转向觉得很美的背景，整个画面在色彩的量感中取得了均衡与统一。

在这幅画里，修拉还使用了垂直线和水平线的几何分割关系和色彩分割关系，描绘了盛夏烈日下有40个人在大碗岛游玩的情景，画面上充满一

最完美的发明——数学

种神奇的空气感，人物只有体积感而无个性和生命感，彼此之间具有神秘莫测的隔绝的特点。

修拉的这幅画预示了塞尚的艺术以及后来的立体主义、抽象主义和超现实主义的问世，使他成为现代艺术的先驱者之一。

其实，不论是设计或者作图，恰当地利用几何图形会更好地展现主题或产生奇异的效果。

修 拉

修拉（1859—1891），法国画家，新印象画派（点彩派）的创始人。他早先是进了巴黎的一所素描学校，然后又在巴黎高等美术学校学习了两年，在勃莱斯特志愿服役了一年。随后，他继续在罗浮宫研究古代希腊雕塑艺术和历代绘画大师的成就，从委罗纳斯、安格尔到德拉克洛瓦，还埋头攻读伦勃朗和谢弗勒尔的论述色彩的科学资料。认为印象派的用色方法，不够严格，不免出现不透明的灰色。为了充分发挥色调分割的效果，用不同的色点并列地构成画面，画法机械呆板，单纯追求形式。

印象派绘画

印象派绘画是19世纪后半期诞生于法国的绘画流派，其代表人物有莫奈、马奈、雷诺阿、西斯莱、德加、莫里索、塞尚等。他们继承了法国现实主义前辈画家库尔贝"让艺术面向当代生活"的传统，使自己的创作进一步摆脱了对历史、神话、宗教等题材的依赖，摆脱了讲述故事的传统绘画程式约束。艺术家们走出画室，深入原野和乡村、街头，把对自然清新生动的感观放到了首位，认真观察沐浴在光线中的自然景色，寻求并把握色彩的冷暖变化和相互作用，以看似随意实则准确地抓住对象的迅捷手法，把变幻不居的光色效果记录在画布上，留下瞬间的永恒图像。这种取自于直接外光写生的方式和捕捉到的种种生动印象以及其所呈现的种种风格，不能不说是印象派绘画的创举和对绘画的革命。印象派美术运动的影响遍及各国，获得了辉煌的成就。直到今天，他们的作品仍然是人类最受欢迎的艺术珍宝。

如何在平面上展现三维世界

让我们来看两幅画：一幅是中世纪的油画，明显没有远近空间的感觉，显得笔法幼稚，有点像幼儿园孩子的作品；另一幅是文艺复兴时代的油画，同样有船、人，但远近分明，立体感很强。

为什么会有这样鲜明的对比和本质的变化呢？这中间究竟有什么不同？

答案很简单，数学！这中间数学进入了绘画艺术。中世纪宗教绘画具有象征性和超现实性，而到了文艺复兴时期，描绘现实世界成为画家们的重要目标。如何在平面画布上真实地表现三维世界的事物，是这个时代艺术家们的基本课题。粗略地讲，远小近大会给人以立体感，但远小到什么程度，近大又是什么标准？这里有严格的数学道理。

文艺复兴时期的数学家和画家们进行了很好的合作，或者说这个时代

文艺复兴时期的油画

的画家和数学家常常是一身兼二任，他们探讨了这方面的道理。

有一幅15世纪德国数学家、画家丢勒著作中的插图，图中一位画家正在通过格子板用丢勒的透视方法为模特画像，创立了一门学问——透视学，同时将透视学应用于绘画而创作出了一幅又一幅伟大的名画。

我们不妨再欣赏一幅：达·芬奇的《最后的晚餐》。达·芬奇创作了许多精美的透视学作品。这位真正富有科学思想和绝伦技术的天才，对每幅作品都进行过大量的精密研究。他最优秀的杰作都是透视学的最好典范。《最后的晚餐》描绘出了真情实感，一眼看去，与真实生活一样。观众似乎觉得达·芬奇就在画中的房子里。墙、楼板和天花板上后退的光线不仅清晰地衬托出了景深，而且经仔细选择的光线集中在基督头上，从而使人们将注意力集中于基督。12个门徒分成3组，每组4人，对称地分布在基督的两边。基督本人被画成一个等边三角形，这样的描绘目的在于，表达基督的情感和思考，并且身体处于一种平衡状态。草图中给出了原画及它的数学结构图。

再看另外一幅，拉斐尔的《雅典学派》。这幅画是拉斐尔根据自己的想象艺术再现了古希腊时期数学与学术的繁荣，是透视原理与透视美的典范之作。由这些画可以看出从中世纪到文艺复兴期间绘画艺术的变革，可以说是自觉地应用数学的过程。

数学对绘画艺术作出了贡献，绘画艺术也给了数学以丰厚的回报。画家们在发展聚焦透视体系的过程中引入了新的几何思想，并促进了数学的一个全新方向的发展，这就是射影几何。

在透视学的研究中产生的第一个思想是，人用手摸到的世界和用眼睛看到的世界并不是一回事。因而，相应地应该有两种几何，一种是触觉几何，一种是视觉几何。欧氏几何是触觉几何，它与我们的触觉一致，但与我们的视觉并不总一致。例如，欧几里得的平行线只有用手摸才存在，用眼睛看它并不存在。这样，欧氏几何就为视觉几何留下了广阔的研究领域。

画家们研究出来的聚焦透视体系，其基本思想是投影和截面取景原理。人眼被看做一个点，由此出发来观察景物。从景物上的每一点出发通过人眼的光线形成一个投影锥。根据这一体系，画面本身必须含有投射锥的一个截景。从数学上看，这截景就是一张平面与投影锥相截的一部分截面。

　　17世纪的数学家们开始寻找这些问题的答案。他们把所得到的方法和结果都看成欧氏几何的一部分。诚然，这些方法和结果大大丰富了欧几里得几何的内容，但其本身却是几何学的一个新的分支，到了19世纪，人们把几何学的这一分支叫做射影几何学。射影几何集中表现了投影和截影的思想，论述了同一物体的相同射影或不同射影的截景所形成的几何图形的共同性质。这门"诞生于艺术的科学"，今天成了最美的数学分支之一。

知识点

达·芬奇

　　达·芬奇（1452—1519），生于意大利的佛罗伦萨，他是意大利文艺复兴三杰之一，也是整个欧洲文艺复兴时期最完美的代表。他是一位思想深邃、学识渊博、多才多艺，集画家、寓言家、雕塑家、发明家、哲学家、音乐家、医学家、生物学家、地理学家、建筑工程师和军事工程师于一体。他一面热心于艺术创作和理论研究，研究如何用线条与立体造型去表现形体的各种问题；另一方面他热衷研究自然科学，为了真实感人的艺术形象，他广泛地研究与绘画有关的光学、数学、地质学、生物学等多种学科。他的艺术实践和科学探索精神对后代产生了重大而深远的影响。

四维空间

　　四维空间是一个时空的概念。简单来说，任何具有四维的空间都可以被称为"四维空间"。不过，我们日常生活所提及的"四维空间"，大多数都是指爱因斯坦在他的《广义相对论》和《狭义相对论》中提及的"四维时空"概念。根据爱因斯坦的概念，我们的宇宙是由时间和空间构成。时空的关系，是在空间的架构上比普通三维空间的长、宽、高三条轴外又加了一条时间轴，而这条时间的轴是一条虚数值的轴。

根据爱因斯坦相对论所说：我们生活中所面对的三维空间加上时间构成所谓四维空间。由于我们在地球上所感觉到的时间很慢，所以不会明显的感觉到四维空间的存在，但一旦登上宇宙飞船或到达宇宙之中，使本身所在参照系的速度开始变快或开始接近光速时，我们能对比的找到时间的变化。如果你在时速接近光速的飞船里航行，你的生命会比在地球上的人要长很多。这里有一种势场所在，物质的能量会随着速度的改变而改变。所以相对来说时间的变化及对比是以物质的速度为参照系的。这就是时间是四维空间的要素之一。

美术中的平移和对称

团花是中国剪纸中历史最悠久、运用最广泛的一种形式。新疆古墓中出土的南北朝时期的 5 幅我国最早的剪纸实物，就是团花造型。团花用途广泛，年节的窗花、婚礼的喜花、贺礼的礼花，甚至现代舞台装饰中都有它的身影。

而以两个菱形叠压相交而成的图形叫做方胜，因为两相叠压，所以被赋予了连绵不断的吉祥寓意。还有我们喜爱的京剧脸谱。仔细观察这几幅图，它们有什么数学上的性质呢？

把平面上（或者空间里）每一个点按照同一个方向移动相同的距离，叫做平面（或者空间）的一个平移。对称分为轴对称、中心对称、旋转对称、平移对称和滑移对称。如果两个图形沿着一条直线对折，两侧的图形能完全重合，称这两个图形关于这条直线轴对称。中心对称是指两个图形绕某一个点旋转

团 花

180°后，能够完全重合，称这两个图形关于该点对称，该点称为对称中心。如果将某个图形绕一个定点旋转定角以后，仍与原图形重合，就说这个图形是旋转对称，定点叫做旋转中心。其中平移对称图案是一个单元图案沿直线平行移动产生的，滑移＝平移×轴对称。

只要稍加留意，就不难发现团花是轴对称图形，也是旋转对称图形（旋转 60°）。方胜则是中心对称图形。

对称，作为美的艺术标准，可以说是超越时代和地域的。从中国古代敦煌壁画到荷兰现代画家埃舍尔的作品，都是完美的对称的杰作。

京剧脸谱

在平面镶嵌中，也多运用了平移、对称等数学技巧。说到镶嵌，就不能不提荷兰现代画家埃舍尔。我们知道，规则的平面分割叫做镶嵌，镶嵌图形是完全没有重叠并且没有空隙的封闭图形的排列。一般来说，构成一个镶嵌图形的基本单元是多边形或类似的常规形状，例如经常在地板上使用的方砖。

埃舍尔对各种镶嵌都十分着迷，不管是规则的还是不规则的。他还特别钟爱所谓的"变形"：图形变化，且相互作用。

埃舍尔在他的平面镶嵌画中开拓性地使用了一些基本的图案，并应用了反射、滑动反射、平移、旋转等数学方法，获得了更多的图案。他还将基本的图形进行变形，成为动物、鸟和别的图形。变化后的图形服从三重、四重或六重对称，效果既惊人又美观。一位俄国数学家对他说："你比我们中任何一位都懂得更多。"

知识点

埃舍尔

埃舍尔（1898—1972），荷兰人，他把自己称为"图形艺术家"，他

专门从事于木版画和平版画。埃舍尔是一名无法"归类"的艺术家。他的许多版画都源于悖论、幻觉和双重意义，他努力追求图景的完备而不顾及它们的不一致，或者说让那些不可能同时在场者同时在场。他像一名施展了魔法的魔术师，利用几乎没有人能摆脱的逻辑和高超的画技，将一个极具魅力的"不可能世界"立体地呈现在人们面前。他创作的《画手》、《凸与凹》、《画廊》、《圆极限》、《深度》等许多作品都是"无人能够企及的传世佳作"。

受到数学家称赞的画展

1956 年，埃舍尔举办了他的第一次重要的画展，这个画展得到了《时代》杂志的好评，并且获得了世界范围的名望。在他的最热情的赞美者之中不乏许多数学家，他们认为在他的作品中数学的原则和思想得到了非同寻常的形象化。因为这个荷兰的艺术家没有受过中学以外的正式的数学训练，因而这一点尤其令人赞叹。随着他的创作的发展，他从他读到的数学的思想中获得了巨大灵感，他工作中经常直接用平面几何和射影几何的结构，这使他的作品深刻地反映了非欧几里得几何学的精髓。他也被悖论和"不可能"的图形结构所迷住，并且使用了罗杰·彭罗斯的一个想法发展了许多吸引人的艺术成果。这样，对于学数学的学生，埃舍尔的工作围绕了两个广阔的区域："空间几何学"和我们或许可以叫做的"空间逻辑学"。

名画中的数学现象

先让我们来欣赏后期印象派代表人物荷兰画家凡·高的两幅作品《星空》和《麦田上的乌鸦》。

从这两幅高度抽象的画作中，我们可以发现一些漩涡式的图案。一直以来人们把这些漩涡看成凡·高的一种艺术表现形式，但现在来自墨西哥的物理学家对此却有不同的看法。他认为，这些漩涡背后暗藏着一些复杂的数学和物理学公式。

湍流问题曾被称为"经典物理学最后的疑团"，科学家们一直试图用精确的数学模型来描述湍流现象，但至今仍然没有人能够彻底解决。20世纪40年代，前苏联数学家柯尔莫哥洛夫提出了"柯尔莫哥洛夫微尺度"公式。借助这个公式，物理学家可以预测流体任意两点之间在速率和方向上的关系。

而来自墨西哥国立自治大学的物理学家乔斯·阿拉贡经过研究发现，在凡·高《星空》《星星下有柏树的路》《麦田上的乌鸦》这些画作里出现的漩涡正好精确地反映了这个公式。阿拉贡认为《星空》和凡·高其他充满激情的作品是他在精神极不稳定的状态下完成的，这些作品恰好抓住了湍流现象的本质。

事实上，创作《星空》的时候，凡·高正在法国南部圣雷米的精神病院接受治疗。当时的他已经陷入癫痫病带来的内心狂乱状态，时而清醒，时而混乱。阿拉贡相信，正是凡·高的幻觉让他得以洞察漩涡的原理。对于发病产生的那些幻觉，凡·高曾把它描述成"内心的风暴"，而他的医生则把它称为"视觉和听觉剧烈的狂热幻想"。

而一旦凡·高恢复平静，他便失去了这种描绘湍流的能力。1888年底，他在与好友高更吵了一架后割掉了自己的一只耳朵。在入院接受治疗期间，他因为服用了镇定药物而使内心变得非常平静。他在这期间创作的作品便找不到漩涡的影子。

对于凡·高在画作里表现的物理现象，哈佛大学神经病学的教授史蒂文·沙克特表示，他很有可能是受了癫痫症的影响，因为有人会在发病时产生新的、异常的意识，他的感觉和认知都会变得不正常，有时还会有灵魂出窍的经历。

虽然在画作里出现过漩涡的画家不止凡·高一个，比如表现主义画家爱德华·蒙克的名作《呐喊》里也充满了漩涡，但是阿拉贡通过研究发现，其他画家笔下的漩涡都无法像凡·高笔下的那样精确地反映数学公式。

如果说凡·高是不经意间将深奥的数学公式暗藏于画作之中，那么德国画家丢勒则是真正将数学与绘画相结合的艺术大师。

丢勒认为，研究数学能使自己的绘画水平获得提高，特别是几何、透

最完美的发明——数学

视和一些射影几何概念。他对人体比例也做了大量工作。我们总能从他的艺术作品中发现无处不在的数学的影子。比如，他的著名的木刻画《忧郁症》描述的是一个因为数学患上忧郁症的天使。《忧郁症》的构图元素十分丰富：在一间不知是书斋还是作坊的小木屋外，高大健壮的天使手持圆规，托腮苦思，身旁发呆的爱神，打盹儿的狗，散落的工具——天平、沙漏、锯子、刨子、圆球、多面体、木梯……林林总总，屋墙上那幅四阶幻方就是数学史上著名的"丢勒幻方"，最下一行中间两格标着 1514，是丢勒母亲去世的年份。

这个忧郁的女子是谁？所有的一切，寓意何在？在流传于世的研究材料中，没有留下画家只言片语的解释。

在数学家眼中，画面中的丢勒幻方和那些复杂的多面体、球体，代表着神秘的数学世界。画家从《忧郁症》中看到了"铜版画对透视技法完美的表达"。

在丢勒流传于世的数以百计的素描中，透视、结构、比例成为他作画的依据，那些栩栩如生的兔子、马、树、花……形态之逼真、精确，可与实物相媲美。

知识点

丢 勒

丢勒（1471—1528）生于纽伦堡，德国画家、版画家及木版画设计家。丢勒的作品包括木刻版画及其他版画、油画、素描草图以及素描作品。他的作品中，以版画最具影响力。他是最出色的木刻版画和铜版画家之一。主要作品有《启示录》《基督大难》《小受难》《男人浴室》《海怪》《浪荡子》《伟大的命运》《亚当与夏娃》《骑士、死亡与恶魔》等。他的水彩风景画是他最伟大的成就之一，这些作品气氛和情感表现得极其生动。值得一提的是，丢勒在自然科学上也卓有成就，他曾深研数学和透视学并写下了大量笔记和论著，在透视法和人体解剖学方面，他创作了许多反映社会现实的绘画作品。

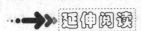

<h2>《星空》赏析</h2>

凡·高的宇宙，可以在《星空》中永存。这是一种幻象，超出了拜占庭或罗曼艺术家当初在表现基督教的伟大神秘中所做的任何尝试。凡·高画的那些爆发的星星，和那个时代空间探索的密切关系，要胜过那个神秘信仰的时代的关系。凡·高绘画的标新立异，在于他超自然的，或者至少是超感觉的体验。

《星空》是一幅既亲近又茫远的风景画，这可以从16世纪风景画家老勃鲁盖尔的高视点风景手法上看出来，虽然凡·高更直接的源泉是某些印象主义者的风景画。高大的白杨树战栗着悠然地浮现在我们面前；山谷里的小村庄，在尖顶教堂的保护之下安然栖息；宇宙里所有的恒星和行星在"最后的审判"中旋转着、爆发着。色彩主要是蓝和紫罗兰，同时有规律地跳动着星星发光的黄色。前景中深绿和棕色的白杨树，意味着包围了这个世界的茫茫之夜。这不是对人，而是对太阳系的最后审判。

黄金分割在美术中的运用

文艺复兴时期的两幅名画，一幅是19世纪法国画家米勒的《拾穗者》，一幅是意大利文艺复兴时期画家波提切利的名画《维纳斯的诞生》。

在《拾穗者》中，米勒采用横向构图描绘了3个正在弯着腰，低着头，在收割过的麦田里拾剩落的麦穗的妇女形象，她们穿着粗布衣裙和沉重的旧鞋子，在她们身后是一望无际的麦田、天空和隐约可见的劳动场面。罗曼·罗兰曾评论说："米勒画中的三位农妇是法国的三女神。"

波提切利的代表作《维纳斯的诞生》则表现了女神维纳斯从爱琴海中浮水而出，风神、花神迎送于左右的情景。此画中的维纳斯形象，虽然仿效希腊古典雕像，但风格全属创新，强调了秀美与清纯，同时也具有含蓄之美。

《维纳斯的诞生》

可能很多人都是从艺术鉴赏的角度来欣赏这两幅举世闻名的画作，其实，这两幅画作的画面能够这样美，不但因为作者有高超的绘画技巧和坚实的生活基础，而且因为画中隐藏着黄金比。

在美学与建筑上，长宽之比约为 1.618 的矩形被认为是最和谐、最漂亮的一种造型。

那么什么是黄金矩形呢？若矩形长为 y，宽为 x，如果满足 $x:y=(x+y):x$ 的条件，那么，这个矩形就叫做黄金矩。如果设 $x=1$，解上述的比例式，可得 $y=1.618$，此即黄金比例。黄金比例普遍存在于自然界中，以人体来说，如果下半身长度（脚底到肚脐）占身高的 $1:1.618=0.618$，则是最完美的身材。

如果用 E 来分割直线段 AB，使较长线段 AE 与较短线段 BE 之比和整个线段 AB 与 AE 之比相等，就得到一个黄金比。现代数学家们用 $f:1$ 来表示 $AE:BE$，可算出的值为 1.618。传统上表示黄金分割的三个几何图形是：直线段的黄金分割、矩形的黄金分割和正五边形的黄金分割。

古希腊的巴特农神殿和文艺复兴时代巨匠达·芬奇自画像都曾出现这种造型。

现在我们再来看米勒的《拾穗者》，画中的每两段相除都是 1.618，我们看起来之所以觉得赏心悦目，因为符合 1.618 的图形是最美的。

而波提切利的《维纳斯的诞生》在构图上也使用了黄金分割率，维纳斯站于整幅画的左右黄金分割线的右边一侧。据后人分析研究，在整幅作品中，至少有 7 个黄金分割。

17 世纪德国著名的天文学家开普勒曾经这样说过："几何学里有两件宝，一是勾股定理，另一个是黄金分割。如果把勾股定理比作黄金矿的话，那么可以把黄金分割比作钻石矿。"

人们发觉自然界许多形体呈现的形态，如树枝的叉点、四肢动物的前肢位置和整体的比例、人上身和下身的比例等等，都呈现一个特别美丽的形式。中世纪著名画家达·芬奇特别留意绘画中的透视原理和线段间的比例关系，最早提出"黄金分割"这一名称。自此，这个代表完美的比律，就广泛地被应用在宗教建筑和绘画中。

这种比例也被严格地应用于艺术创作中，尤其是文艺复兴时期的古典画作中。如达·芬奇的《维特鲁威人》《蒙娜丽莎》，拉斐尔的《大公爵的圣母像》等。

达·芬奇的素描《维特鲁威人》甚至出现在意大利发行的一欧元硬币上，表明该作品受人喜爱的程度并未消减。对于这幅画，达·芬奇自己阐述：建筑师维特鲁威斯在他的建筑论文中声言，他测量人体的方法如下：4指为一掌，4 掌为一脚，6 掌为一腕尺，4 腕尺为一人的身高。4 腕尺又为一跨步，24 掌为人体总长。两臂侧伸的长度，与身高等同。从发际到下巴的距离，为身高的 1/10。自下巴至脑顶，为身高的 1/8。胸上到发际，为身高的 1/7。乳头到脑顶，为身高的 1/4。肩宽的最大跨度，是身高的 1/4。臂肘到指根是身高的 1/5，到腋窝夹角是身高的 1/8。手的全长为身高的 1/10。下巴到鼻尖、发际到眉线的距离均与耳长相同，都是脸长的 1/3。

《维特鲁威人》也是达·芬奇以比例最精准的男性为蓝本，这种"完美比例"也即是数学上所谓的"黄金分割"。

虽然黄金分割被较多应用于西方的油画作品中，但其实这一思想在中国古代绘画中也有所体现，比如中国古代画论中所说"丈山尺树，寸马分人"，讲了山水画中山、树、马、人的大致比例，其实也是根据黄金分割而来。古琴的设计"以琴长全体三分损一，又三分益一，而转相增减"，全弦共有十三徽。把这些排列到一起，二池、三纽、五弦、八音、十三徽，正是具有 1.618 之美的斐波那契数列。

 **知识点**

波提切利

波提切利是 15 世纪末佛罗伦萨的著名画家,他画的圣母子像非常出名。受尼德兰肖像画的影响,波提切利又是意大利肖像画的先驱者。在 15 世纪 80 年代和 90 年代,波切利是佛罗伦萨最出名的艺术家。他的风格到了 19 世纪,又被大力推崇,而且被认为是拉斐尔的前奏。他宗教人文主义思想明显,充满世俗精神。后期的绘画中又增加了许多以古典神话为题材的作品,风格典雅、秀美、细腻动人。特别是他大量采用教会反对的异教题材,大胆地画全裸的人物,对以后绘画的影响很大。《春》和《维纳斯的诞生》是最能体现他绘画风格的代表性作品。

 **延伸阅读**

黄金矩形

黄金矩形的长宽之比为黄金分割率,换言之,矩形的长边为短边 1.618 倍。黄金分割率和黄金矩形能够给画面带来美感,其拓展远远超出了数学的范围,可见于艺术、建筑、自然界,甚至于广告。它的普及性并非偶然,心理学测试表明,在矩形中黄金矩形最为令人赏心悦目。

公元前 5 世纪的古希腊建筑师已经晓得这种协调性的影响,巴特农神殿就是应用黄金矩形的一个早期建筑的例子。那时的古希腊人已经具有黄金均值及如何运用它的知识,还知道如何近似于它以及如何用它来构造黄金矩形。

除了出现在艺术、建筑和自然界外,今天黄金矩形还在广告和商业等方面派上用场。许多包装采用黄金矩形的形状,能够更加迎合公众的审美观点。例如标准的信用卡就近似于一个黄金矩形。

音乐中的数学变换

我们在初中的时候会学习平移的概念，在平面内将一个图形沿某个方向移动一定的距离，这样的图形运动就称为平移。其实在生活中平移现象也是随处可见。

那么，既然数学中存在着平移变换，音乐中是否也存在着平移变换呢？

我们可以通过上图的两个音乐小节来寻找答案。如果我们把第一个小节中的音符平移到第二个小节中去，就出现了音乐中的平移，这实际上就是音乐中的反复。把左图的两个音节移到直角坐标系中，那么就表现为右图。

显然，这正是数学中的平移，我们知道作曲者创作音乐作品的目的在于想淋漓尽致地抒发自己内心的情感，可是内心情感的抒发是通过整个乐曲来表达的，并在主题处得到升华，而音乐的主题有时正是以某种形式的反复出现的。比如下图。

Oh When the Saints　　　　　Oh When the Saints

就是西方爵士乐圣者进行曲（When the Saints Go Marching In）的主题，显然，这首乐曲的主题就可以看做通过平移得到的。

在这里我们需要提及 19 世纪的一位著名的数学家，他就是约瑟夫·傅立叶，正是他的努力使人们对乐声性质的认识达到了顶峰。他证明了所有的乐声，不管是器乐还是声乐，都可以用数学式来表达和描述，而且证明了这些数学式是简单的周期正弦函数的和。

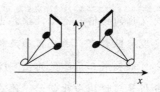

音乐中不仅仅出现平移变换，还可能会出现其他的变换及其组合，比如反射变换等等。左图的两个音节就是音乐中的反射变换。如果我们仍从数学的角度来考虑，把这些音符放进坐标系中，那么它在数学中的表现就是我们常见的反射变换，如上图所示，同样我们也可以在时间—音高直角坐标系中把这两个音节用函数近似地表示出来。

通过以上分析可知，一首乐曲有可能是对一些基本曲段进行各种数学变换的结果。

2008 年，美国佛罗里达州立大学的克利夫顿·卡伦德教授、耶鲁大学的伊恩·奎因教授和普林斯顿大学的德米特里·蒂莫奇科教授以"音乐天体理论为基础"，利用数学模型，设计了一种新的方式，对音乐进行分析归类，提出了所谓的"几何音乐理论"，把音乐语言转换成几何图形，并将成果发表于 4 月 18 日的《科学》杂志上，他们认为用此方法可以帮助人们更好地理解音乐。

他们所用的基本的几何变换包括：平移、对称、反射（也称镜像，包括横向与纵向反射）、旋转等（指的五线谱，不适用于简谱）。平移变换通常表示一种平稳的情绪，对称（关于原点，x 轴或 y 轴对称）则表示强调、加重情绪，如果要表示一种情绪的转折（如从高潮转入低谷或从低谷转入高潮）则多采用绕原点 $180°$ 的旋转。

傅立叶

傅立叶（1768—1830），法国数学家、物理学家。1798 年随拿破仑远征埃及时任军中文书和埃及研究院秘书。1807 年向巴黎科学院呈交《热的传播》论文，推导出著名的热传导方程，并在求解该方程时发现解函数可以由三角函数构成的级数形式表示，从而提出任一函数都可以展成三角函数的无穷级数。傅立叶级数（即三角级数）、傅立叶分析等理论均由此创始。他最早使用定积分符号，改进了代数方程符号法则的证法和实根个数的判别法等。

傅立叶变换

从现代数学的眼光来看，傅立叶变换是一种特殊的积分变换。它能将满足一定条件的某个函数表示成正弦基函数的线性组合或者积分。在不同的研究领域，傅立叶变换具有多种不同的变体形式，如连续傅立叶变换和离散傅立叶变换。

尽管最初傅立叶分析是作为热过程的解析分析的工具，但是其思想方法仍然具有典型的还原论和分析主义的特征。任意的函数通过一定的分解，都能够表示为正弦函数的线性组合的形式，而正弦函数在物理上是被充分研究而相对简单的函数类，这一想法跟化学上的原子论想法何其相似！

从哲学上看，还原论和分析主义，就是通过对事物内部适当的分析达到增进对其本质理解的目的。比如近代原子论试图把世界上所有物质的本源分析为原子，而原子不过数百种而已，相对物质世界的无限丰富，这种分析和分类无疑为认识事物的各种性质提供了很好的手段。现代数学发现傅立叶变换具有非常好的性质，使得它非常的好用和有用。

乐器的形状与数学有关

小乐一家人都十分喜爱音乐，他们一家人在闲暇的时候还会举行小型的家庭音乐会，爸爸演奏自己拿手的低音号，小乐则弹奏钢琴，妈妈虽然不会演奏乐器，可嗓子不错，不时地高歌一曲。星期六的晚上，小乐和爸爸练习完乐器以后，爸爸向他提出了一个有关乐器的问题："你想过没有，为什么你的钢琴和我的低音号形状和结构有那么大的区别呢？"这个问题还真难倒了小乐。他从来不曾想过这个问题。不过这个问题包含的数学知识对于刚上初中一年级的小乐来说确实有点难度。

实际上，许多乐器的形状和结构都与各种数学概念有关，指数函数和指数曲线就是这样的概念。指数曲线由具有 $y = kx$ 形式的方程描述，式中 $k > 0$。

音乐的器械，无论是弦乐还是管乐，在它们的结构中都反映出指数曲线的形状。

对乐声本质的研究，在 19 世纪法国数学家傅立叶的著作中达到了顶峰。他证明了所有的乐声——不管是器乐还是声乐——都能用数学表达式来描述，它们是一些简单的正弦周期函数的和。每种声音都有 3 种品质：音调、音量和音色，并以此与其他的乐声相区别。

傅立叶的发现，使人们可以将声音的 3 种品质通过图解加以描述并区分。音调与曲线的频率有关，音量与曲线的振幅有关，而音色则与周期函数的形状有关。

乐器的表现力为什么如此千差万别、色彩纷呈？这是由哪些因素决定的呢？

首先是乐器的材料。应该说任何材料都可能制成乐器，但是有优劣和雅俗之分。例如：小提琴的面板就要用杉木、云杉等，背板要用枫木。木材的纹理要细、匀、顺，而且要用一二百年以上的树木。对木材的干燥度、动态弹性模量、传声速度及密度等都有一定要求，才能得到优质的提琴。

三角钢琴

高级钢琴的琴板则要求用意大利松木或挪威的云杉、银杉，美国的白松、红松、黑松等。这些材料的声阻低，传声快，传输损失小，共振峰高。提琴的指板、琴弓要用硬木或特殊的木材。弓弦要用马尾，而且还规定有一定的粗细和长度。钢琴的琴槌也会影响音质，琴槌的毛毡较硬，则音色脆亮，较软则音色比较柔和。

乐器的结构也对音质影响很大。特大的乐器都是低音乐器，如大号、巴松、大贝司、大胡等，其振动频率较低。

乐器的外形大小也同音量有关，三角钢琴比立式钢琴有更大的琴箱和琴板，自然音量也大。各种弦乐器都有共鸣箱即琴箱，有许多还有音孔。音孔的大小、形状、位置都会影响音质。琴码的大小、厚薄和形状、位置，也都会影响振动的传播。钢琴有了踏脚板，可以使演奏增加很大的变化。钢琴击弦点的位置不同也会使谐波成分发生变化并改变音色。管乐器喇叭口的形状不同会使辐射出去的声能多少有很大改变。笛子的长短、粗细，吹孔和音孔的大小、形状，吹口处边棱的厚薄，笛尾的长短、厚薄、粗细等都能够影响吹奏出来的音质。

至于乐器的演奏，则各行有各行的功夫。拉提琴的手、指、腕、臂上都有功夫。弓法、弓位、运弓角度和力度，拨奏的速度、力量、位置、触点大小等，都会影响音质。钢琴的手指触键和踏瓣的使用，笛的运气及口、舌、指上的功夫，手风琴的运风箱，铜管乐器的吹气方向、角度、口形等都与发声有关。

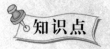

知识点

弦 乐

现今经常被提到的弦乐一般是指西洋管弦乐队中的弦乐组（小提琴、中提琴、大提琴、低音提琴）。弦乐器分为擦弦乐器、拨弦乐器和击弦乐器。可以合奏的乐器很多，在西洋弦乐方面最常见的是弦乐四重奏（第一小提琴、第二小提琴、中提琴、大提琴），不过形式也不固定。现在的重奏形式更始层出不穷，木管组（长笛、单簧管、双簧管、巴松）也经常加上圆号组成五重奏。民族器乐中除了传统常见的重奏形式，古筝、琵琶、二胡等都可以加上钢琴来伴奏。

乐器分类法

乐器分类法是乐器学中的重要课题，大体分为两种，其一是民族的惯用的分类法，也称传统分类法；其二是以声学物理归纳手段作为分类依据的现代分类法，也称逻辑分类法。

传统分类法主要指世界古代各文化地区在历史上形成的惯用分类法。它包括：中国的八音分类法（金、石、丝、竹、匏、土、革、木）；印度的二分类法（弦乐器、气乐器）、五分类法（单皮乐器、双皮乐器、前皮乐器、打击乐器和气乐器）和四分类法（皮乐器、弦乐器、金属打击乐器、气乐器）；欧洲的三分类法（管乐器、弦乐器、打击乐器）。这些分类法都有各自的内涵和分类的依据。

现代分类法把世界上所有乐器归纳为五大类：体鸣乐器、膜鸣乐器、气鸣乐器、弦鸣乐器和电鸣乐器。

对于传统分类法和逻辑分类法不能简单地说哪个科学或不科学，它们都一定历史时期、一定地域、一定民族文化和认识论的产物。

五音不全缘何故

随着人们生活水平的日益提高，卡拉OK越来越受到大家的欢迎。当然了，这些业余歌手的水平也是参差不齐，有人唱得悦耳动听，有人的歌声却常让人觉得像鬼哭狼嚎，甚至是"噪声污染"，他们也常常自嘲是"五音不全"。那么为什么不同的人唱歌会有如此大的差别？其中的原因和数学有关系吗？

从物理学角度讲，声音可分为乐音和噪声两种。表现在听觉上，有的声音很悦耳，有的却很难听，甚至使人烦躁。

声源体发生振动会引起四周空气振荡，这种振荡方式就是声波。声以波的形式传播着，我们把它叫做声波。最简单的声波就是正弦波。正弦这

帕瓦罗蒂在演唱中

个词，实际上是源自拉丁文的 sinus，意思是"海湾"。正弦曲线就很像海岸上的海湾。它也是最简单的波动形式。优质的音叉振动发出声音的时候产生的是正弦声波，而许多乐器发出的波形是很复杂的，但是正弦波仍然是最基本的。法国数学家傅立叶得出了一个重大发现，几乎任何波形，不管其形状多么不规则，全都是不同正弦波的组合与叠加。

当物体以某一固定频率振动时，耳朵听到的是具有单一音调的声音，这种以单一频率振动的声音称为纯音。但是，实际物体产生的振动是很复杂的，它是由各种不同频率的许多简谐振动所组成的，其中最低的频率称为基音，比基音高的各频率称为泛音。如果各次泛音的频率是基音频率的整数倍，那么这种泛音称为谐音。基音和各次谐音组成的复合声音听起来很和谐悦耳，这种声音称为乐音。这些声音随时间变化的波形是有规律的，凡是有规律振动产生的声音就叫乐音。

如果物体的复杂振动由许许多多频率组成，而各频率之间彼此不成简单的整数比，这样的声音听起来就不悦耳也不和谐，还会使人产生烦躁。这种频率和强度都不同的各种声音杂乱地组合而产生的声音就称为噪声。各种机器噪声之间的差异就在于它所包含的频率成分和其相应的强度分布都不相同，因而使噪声具有各种不同的种类和性质。这就从一定程度上解释了为什么有些卡拉 OK 的歌手唱歌会如此让人难以忍受了。

知识点

噪　声

从物理学的角度来看：噪声是发声体做无规则振动时发出的声音。

其音高和音强变化混乱、听起来不谐和，区别于"乐音"。

从环境保护的角度看：凡是妨碍到人们正常休息、学习和工作的声音，以及对人们要听的声音产生干扰的声音，都属于噪声。

噪声是一类引起人烦躁或音量过强而危害人体健康的声音。噪声的来源很多，街道上的汽车声、安静的图书馆里的说话声、建筑工地的机器声、以及邻居电视机过大的声音，都是噪声。

被上帝吻过的声音

帕瓦罗蒂（1935—2007），世界著名的意大利男高音歌唱家。早年是小学教师，1961 年在雷基渥·埃米利亚国际比赛中扮演鲁道夫，从此开始歌唱生涯。1964 年首次在米兰·斯卡拉歌剧院登台。翌年，应邀去澳大利亚演出及录制唱片。1967 年被卡拉扬挑选为威尔第《安魂曲》的男高音独唱者。从此，声名节节上升，成为活跃于当前国际歌剧舞台上的最佳男高音之一。帕瓦罗蒂具有十分漂亮的音色，在两个八度以上的整个音域里，所有音均能迸射出明亮、晶莹的光辉。他是举世公认的"高音 C 之王"和"世界首席男高音"。有人说"他的声音仿佛被上帝吻过，充满了磁性和独特魅力……"

数字入诗别样美

我们很小的时候跟数学最早的接触莫过于简单的数字，就这些数字本身而言，并没有特别的美感可言。可是如果我们熟读诗歌，就会发现，这些看似平凡的数字经诗人妙笔点化，就能创造出各种美妙的艺术境界，表达出无穷的妙趣！

数字应用在诗歌里，能够起到神奇的艺术效果，那抽象的数学本身又可不可以用诗歌的形式来表现呢？中国古代数学家在这方面做出许多有益

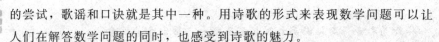

的尝试，歌谣和口诀就是其中一种。用诗歌的形式来表现数学问题可以让人们在解答数学问题的同时，也感受到诗歌的魅力。

从南宋的杨辉开始，元代的朱世杰、丁巨、贾亨，明代的刘仕隆等都采用歌诀形式提出各种算法或用诗歌形式提出各种数学问题。

朱世杰的《四元玉鉴》、《或问歌录》共有12个数学问题，都采用诗歌形式提出。如第一题："今有方池一所，每面丈四正停。葭生两岸长其形，出水三十寸整。东岸蒲生一种，水上一尺无零。葭蒲稍接水齐平，借问三般（水深、蒲长、葭长）怎定？"

在元代有一部算经《详明算法》，内有关于丈量田亩的求法："古者量田较阔长，全凭绳尺以牵量。一形虽有一般法，惟有方田法易详。若见涡斜并凹曲，直须裨补取为方。却将黍实为田积，二四除之亩法强。"

程大位

著名的《孙子算经》中有一道"物不知其数"的问题。这道算题原文为："今有物不知其数，三三数之剩二，五五数之剩三，七七数之剩二，问物几何？答曰二十三。"这个问题流传到后世，有过不少有趣的名称，如"鬼谷算"、"韩信点兵"等。程大位在《算法统宗》中用诗歌形式，写出了数学解法："三人同行七十稀，五树梅花廿一枝，七子团圆月正半，除百零五便得知。"这首诗包含着著名的"剩余定理"。也就说，拿3除的余数乘70，加上5除的余数乘21，再加上7除的余数乘15，结果如比105多，则减105的倍数。上述问题的结果就是：$(2 \times 70) + (3 \times 21) + (2 \times 15) - (2 \times 105) = 23$。

数字在诗歌中的运用表现：

1. 数字的连用

李白《山中与幽人对酌》：两人对酌山花开，一杯一杯复一杯。我醉欲眠卿且去，明朝有意抱琴来。

诗的首句写"两人对酌"，对酌者是意气相投的"幽人"，于是乎"一杯一杯复一杯"地开怀畅饮了，接连重复三次"一杯"，不但极写饮酒之多，而且极写快意之至，读者仿佛看到了那痛饮狂歌的情景，听到了"将进酒，杯莫停"（《将进酒》）那兴高采烈的劝酒的声音，以至于诗人"我醉欲眠卿且去"，一个随心所欲、恣情纵饮、超凡脱俗的艺术形象呼之欲出。

2. 数字的搭配

杜甫《绝句》：两个黄鹂鸣翠柳，一行白鹭上青天。窗含西岭千秋雪，门泊东吴万里船。

"两个"写鸟儿在新绿的柳枝上成双成对歌唱，呈现出一派愉悦的景色。"一行"则写出白鹭在"青天"的映衬下，自然成行，无比优美的飞翔姿态。"千秋"言雪景时间之长。"万里"言船景空间之广，给读者以无穷的联想。这首诗一句一景，一景一个数字，构成了一幅优美、和谐的意境。诗人真是视通万里、思接千载、胸怀广阔，让读者叹为观止。

3. 数字的对比

王之涣《凉州词》：黄河远上白云间，一片孤城万仞山。羌笛何须怨杨柳，春风不度玉门关。

这首诗通过对边塞景物的描绘，反映了戍边将士艰苦的征战生活和思乡之情，表达了作者对广大战士的深切同情。首联的两句诗写黄河向远处延伸直上云天，一座孤城坐落在万仞高山之中，极力渲染西北边地辽阔、萧疏的特点，借景物描写衬托征人戍守边塞凄凉幽怨的心情。千岩叠障中的孤城，用"一"来修饰，和后面的"万"形成强烈对比，愈显出城地的孤危，勾画出一幅荒寒萧索的景象。

 知识点

《孙子算经》

《孙子算经》约成书于4—5世纪，作者生平和编写年代都不清楚。现在传本的《孙子算经》共3卷。卷上叙述算筹记数的纵横相间制度和

筹算乘除法则，卷中举例说明筹算分数算法和筹算开平方法。具有重大意义的是卷下第26题"物不知其数"的问题。《孙子算经》不但提供了答案，而且还给出了解法。南宋大数学家秦九韶则进一步开创了对一次同余式理论的研究工作，推广"物不知数"的问题。1852年，英国基督教士伟烈亚士将《孙子算经》"物不知数"问题的解法传到欧洲，德国数学家高斯于1801年出版的《算术探究》中明确地写出了上述定理。1874年马蒂生指出孙子的解法符合高斯的定理，从而在西方的数学史里将这一个定理称为"中国的剩余定理"。

秦九韶与《数书九章》

秦九韶（1208—1261）南宋官员、数学家，与李冶、杨辉、朱世杰并称宋元数学四大家。生于普州安岳（今属四川），自称鲁郡（今山东曲阜）人。在其著《数书九章》序言中说，数学"大则可以通神明，顺性命；小则可以经世务，类万物"。所谓"通神明"，即往来于变化莫测的事物之间，明察其中的奥秘；"顺性命"，即顺应事物本性及其发展规律。

《数书九章》全书共九章九类，十八卷，每类9题共计81个算题。该书著述方式，大多由"问曰"、"答曰"、"术曰"、"草曰"4部分组成："问曰"，是从实际生活中提出问题；"答曰"，是给出答案；"术曰"，是阐述解题原理与步骤；"草曰"，是给出详细的解题过程。另外，每类下还有颂词，词简意赅，用来记述本类算题主要内容、与国计民生的关系及其解题思路等。

数字描绘出的诗歌意境

唐朝诗人王维的诗歌《使至塞上》共有8句："单车欲问边，属国过居延。征蓬出汉塞，归雁入胡天。大漠孤烟直，长河落日圆。萧关逢侯骑，都护在燕然。"

王维是以监察御史的官职奉唐玄宗之命出塞慰问、访察军情的。途中，王维为眼前的景象所陶醉而欣然命笔。只用 10 个字"大漠孤烟直，长河落日圆"就生动而形象地写出了塞外雄奇瑰丽的风光，画面开阔，意境雄浑。边疆沙漠，浩瀚无边，所以用了"大漠"的"大"字。边塞荒凉，没有什么奇观异景，烽火台燃起的那一股浓烟就显得格外醒目，因此称为"孤烟"。一个"孤"字写出了景物的单调，紧接一个"直"字，却又表现了它的劲拔、坚毅之美。沙漠上没有山峦林木，那横贯其间的黄河，不用一个"长"字不能表达诗人的感觉。落日，本来容易给人以感伤的印象，这里用一个"圆"字，却给人以亲切温暖而又苍茫的感觉。一个"圆"字，一个"直"字，不仅准确地描绘了沙漠的景象，而且表现了作者深切的感受。

以上是站在诗人的角度看待这句诗，给人展现出了大沙漠的景象。如果从数学的角度看这句诗，那又是怎样的一幅画面呢？

数学家将那荒无人烟的戈壁视作一个平面，而将那从地面升起直上云霄的如烟气柱看成一条垂直于地面的直线，而那横卧远处的长河也被视做一条直线，临近河面逐渐下沉的一轮落日则被看做一个圆。图，因此，"长河落日圆"在数学家眼中便是一个圆横切于一条直线。

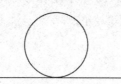

由此看来，这两句诗中就包含了这样几种已知图形：大漠、落日——面（平面与圆），孤烟、长河——线（直线与曲线）。"大漠孤烟直，长河落日圆"的"画面"，就这样由面（大漠、落日）、线（孤烟、长河）等基本元素，构成了面与线（也是线与面）之间的相交、相切与相离等关系。

"欲穷千里目，更上一层楼"是唐代诗人王之涣《登鹳雀楼》中的名句，流传千古。诗句的意思非常明确，只要有决心努力攀登，一定能望千里之远。从激励人的志气的角度说，这是很浪漫又务实的佳句，远望千里，人人可以办到，只要攀登到足够的高度就可以了。

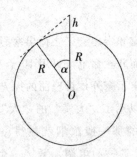

然而真要实践一下，大概就很叫人失望了。因为地球表面是圆的，人最远也只能看到视线同地球曲面相切之点，对于水平面而言，人在平原上最远也就看到 4 千米远一些的距离，那么登上一层楼后如何呢？不妨来算一算，这是一道很简单的几何问题。如图所示，设地球的半径为 R，人眼离地面的高度为 h，则人的视线与地面相切之点与所站立之点对于地心的夹角 $\alpha = \arccos(RR+h)$（以弧度为单位），α 所对应的弧长等于 $R \times \alpha$，这就是在高度 h 处，人所望见的最远距离。如取地球的平均半径为 6371.110 千米，则可以算出任何高度 h 处人所望见的最远距离。

根据这一算法计算的结果是，人眼在 1.5 米高处最远能望见 4.37 千米，而上一层 3 米高的楼后，能多望见 2 千米远的距离。在 20 米高处上一层楼后，人的远望距离只增加 1 千米左右，而在 50 米高处，人更上一层楼后能望见的距离就只能增加 0.5 千米左右。就是说，人站得越高，更上一层楼后，所望见的距离增加得越小。

数学题"李白喝酒"

我国唐代的数学家张逐曾以"李白喝酒"为题编了一道数学题：李白街上走，提壶去买酒。遇店加一倍，见花喝一斗，三遇花和店，喝光壶中酒。借问此壶中，原有多少酒？

解法：最后见花是喝一斗，最后一次遇店前应该是 1/2，前一次遇花是 3/2（一又二分之一），前一次遇店是 3/4（就是二分之三除以二，正好是比最后一次遇店 1/2 多 1/4），再前次遇花是 7/4（一又四分之三），再前一次遇店是 7/4 除以 2 即 7/8（比 1/2 与 3/4 的和多八分之一）。

以上解法的要点在于逆推还原，这种思路也可用示意图或线段图表示出来。

当然，若用代数方法来解，这题数量关系更明确。设壶中原有酒 x 斗，据题意列方程：$2[2(2x-1)-1]-1=0$ 解之，得 $x=7/8$（斗）

对联中的数学

对联是我国传统文化艺术中的一块瑰宝。好对联来源于生活，精心提炼加工以后，高于生活，可以从中体会到语言的优美。数字、图形和数学题，同样来自生活，通过科学的抽象与概括，揭示生活中的内在规律，蕴涵着一种和谐的数学美。对联和文字相结合，又体现出一种绝妙的意境美。我们在欣赏这些对联时，既感受到数学的魅力，又提高了文学修养，别有一番情趣。

数字入联

一去二三里，

烟村四五家。

亭台六七座，

八九十枝花。

这是宋代邵雍描写一路景物的诗,共 20 个字,把 10 个数字全用上了。这首诗用数字反映远近、村落、亭台和花,通俗自然,脍炙人口。

一片二片三四片,
五片六片七八片。
九片十片无数片,
飞入梅花都不见。

这是宋代林和靖写的一首雪梅诗,全诗用表示雪花片数的数量词写成。读后就好像身临雪境,飞下的雪片由少到多,飞入梅林,就难分是雪花还是梅花。

一窝二窝三四窝,
五窝六窝七八窝。
食尽皇家千钟粟,
凤凰何少尔何多。

这是宋代政治家、文学家、思想家王安石写的一首《麻雀》诗。他眼看北宋王朝很多官员饱食终日、贪污腐败、反对变法,故把他们比做麻雀而讽刺之。

一篙一橹一渔舟,
一个渔翁一钓钩。
一俯一仰一场笑,
一人独占一江秋。

这是清代纪晓岚的十“一”诗。据说乾隆皇帝南巡时,一天在江上看见一条渔船荡桨而来,就叫纪晓岚以“渔”为题做诗一首,要求在诗中用上 10 个“一”字。纪晓岚很快吟出一首,既写了景物,也写了情态,自然贴切,富有韵味,难怪乾隆连赞:“真是奇才!”

术语入联

1953 年,中国科学考察团出国考察。途中,数学家华罗庚出了上联“三强韩魏赵”,让同行的钱三强、张钰哲、赵九章、贝时璋等科学家对下

174

联。上联"三强"是指韩国、魏国、赵国是春秋战国时期的3个强国，同时"三强"又暗指在座的科学家钱三强。众人一时难以对出。最后还是华罗庚自己对出了下联："九章勾股弦"。"九章"既指我国古代最早提出勾股弦定理的数学名著《九章算术》，同时又暗指同行的赵九章。众人皆惊叹不已。

有一位中学生在新年到来之际给老师送去了这样一副对联："指数函数对数函数三角函数，数数含辛茹苦；平行直线交叉直线异面直线，线线意切情深。"横批："我行我数。"联中巧嵌数学名词，贴切自然，耐人寻味，表达了莘莘学子对老师的敬仰之情。

在以教师为内容的楹联中，婚联是道独特的景观。某位数学老师恋爱时因遇十年浩劫，几经曲折方得成婚。同仁撰联相贺："移项，通分，因式分解求零点；画轴，排序，穿针引线得结果。""爱情如几何曲线，幸福似小数循环。""自由恋爱无三角，人生幸福有几何？"

数学专业术语结联，读来妙趣横生。其中，"三角"、"几何"，语含双关。某乡村小学一对数学老师结为百年之好，工会赠与一对喜联："恩爱天长，加减乘除难算尽；好合地久，点线面体岂包完。"上述几联语言朴实，浅显易懂，尤其是运用数学名词表达美好祝愿，自然别致。一位几何老师和一位物理老师新婚燕尔，调皮的学生书赠一联："大圆小圆同心圆，心心相印；阴电阳电异性电，性性相吸。"横批："公理定律。"显得风趣幽默。

式题入联

清乾隆帝五十寿庆时，纪晓岚曾做一贺联："二万里江山，伊古以来，未闻一朝一统二万里；五十年圣寿，自今以往，尚有九千九百五十年。""二万里"、"五十年"上下联各自首尾呼应，下联"五十年"加"九千九百五十年"，恰好万年，合万岁万寿之意，妙极。

清光绪年间，广东吴川人陈兰彬作为使者出使日本。日本首相伊藤博文出联为难他："黄河绿水三三转。"陈兰彬立即以自家后花园内三十六转红湖假山应对："紫海青山六六弯"。"三三见九"指黄河九曲，下联以六六应对，可谓巧矣。

相传，有一秀才爱上邻女，秀才之父认为门户不对，便以对对联为由，想推却婚事："乾八卦，坤八卦，八八六十四卦，卦卦乾坤已定。"不料，姑娘瞬间就对出下联："鸾九声，凤九声，九九八十一声，声声鸾凤和鸣。"这副对联直接将乘法口诀引入联中，别开生面，妙趣横生。

有许多诗歌，从字面上看不出它与数学的联系，但仔细思索之下，利用数学知识重新反思诗歌内容，会有全新的认识。

譬如歌剧《刘三姐》中，刘三姐与罗秀才对唱，罗秀才："小小麻雀莫逞能，三百条狗四下分。一少三多要单数，看你怎样分得清。"刘三姐："九十九条打猎去，九十九条看羊来。九十九条守门口，还剩三条奇奴才。"计算一下可以发现 $300 = 99 + 99 + 99 + 3$。

这正是数学中的整数分拆问题。如果不计次序地分拆，就有 4 种分拆方法：$300 = 99 + 99 + 99 + 3 = 99 + 99 + 3 + 99 = 99 + 3 + 99 + 99 = 3 + 99 + 99 + 99$。显然，上面的分拆数目若计及次序的分拆便是 4 种；若不计及次序的分拆便是 1 种。这时候可以有一个更一般的问题："将 300 分成有次序的 4 个奇数之和，有多少种不同的方式？"不难想像，如果当年与刘三姐对唱的罗秀才，将歌词的最后一句改为："多少分法请说清"，那么即使刘三姐非常聪明，一时间，也恐怕难于应付了。

邵雍

邵雍（1011—1077），北宋哲学家、易学家，有内圣外王之誉。汉族，字尧夫，谥号康节，自号安乐先生、伊川翁，后人称百源先生。其先范阳（今河北涿县）人，幼随父迁共城（今河南辉县）。少有志，读书苏门山百源上。仁宗皇佑元年（1049年）定居洛阳，以教授生徒为生。仁宗与神宗时，曾两度被荐举，均称疾不赴。与当时高官名士富弼、司马光、吕公著、程颐、程颢、张载等交游甚密。创立"先天学"，以为万物皆由"太极"演化而成。著有《观物篇》《先天图》《伊川击壤集》《皇极经世》等。

诗歌中的"倍尔数"

倍尔是美国的一位数学家,"倍尔数"是指数列 1、2、5、15、52……这个数列排列有一定的规律,其规律如下:

1

1,2

2,3,5

5,7,10,15

15,20,27,37,52

52,67,87,114,151,203

……

这样的数列,形状像个三角形,因而又叫"倍尔三角形"。巧得很,第一竖列依次是 1、1、2、5、15、52……右边斜行也是 1、2、5、15、52……

你能发现每行数是怎样形成的吗?有什么规律吗?你能试着写出第七行和第八行吗?

仔细观察、分析可知倍尔数的形成有两条规律:一是每排的最后一个数都是下一排的第一个数;二是其他任何一个数等于它左边相邻数加左边相邻数上面的一个数。

根据上面的两条规律我们可以知道:

第七行:203,255,322,409,523,674,877

第八行:877,1080,1335,1657,2066,2589,3263,4140

据说"倍尔数"与诗词有着奇妙的联系,应用倍尔数可以算出诗词的各种押韵方式。例如,由于第五行第五个倍尔数等于52,外国的一些文艺研究家就判断出五行诗有 52 种不同的押韵方式,这在大诗人雪莱《云雀》及其他名家的许多诗篇中得到验证。

数学了结的文学公案

历史上曾有两桩著名的文学公案。

公案一：18 世纪后期有人化名朱利叶斯连续发表抨击朝政的文章，辱骂英国当权者，这些文章后来以"朱利叶斯信函"为名结集出版，但作者是谁，近 200 年来不得定论，成了英国文学史上的悬案。

公案二：18 世纪 80 年代，美国的亚历山大·汉密尔顿和詹姆斯·麦迪逊围绕合众国立宪问题，写了 85 篇文章，其中 73 篇的作者是明确的，但有 12 篇的作者却不知是他们两人中的哪一位。

这两桩著名的文学公案一直悬而未决，直到 20 世纪 60 年代才大白于天下。那么数学究竟在其中起到了怎样的作用呢？

20 世纪 60 年代，瑞士文学史家埃尔加哈德从《朱利叶斯信函》中拣出 500 个"标示词"（如词序、节奏、词长、句长等），分析了 50 组同义词的使用，比较了 300 个"涉嫌者"的生平资料，结果发现菲利普·弗朗西斯爵士以 99％的比率与《朱利叶斯信函》相一致，这一结果得到了文学史界的公认，从而结束了 200 年的争论。

同样是在 20 世纪 60 年代，美国的莫索·泰勒和华莱士用"标示词"统计学和以词频率综合比较的办法，解决了第二桩文学公案：综合汉密尔顿和麦迪逊二人各种用词的写作习惯，最后判定这 12 篇的作者是詹姆斯·麦迪逊。

还有，莎士比亚是文艺复兴时期最伟大的人文主义作家，以创作 38 部剧本的辉煌成就雄踞世界戏剧史之巅。可是，有关莎士比亚，一位来自乡下的普通工人，是否能写出如此惊世之作的争论在 19 世纪中叶达到白热化。这些怀疑莎士比亚能力的人认为是另一位受过教育的人，如牛津伯爵爱德华·德卫尔写的这些剧本。可是，为何伯爵要把这些剧本署名莎士比亚呢？有些人声称，这是为了嫁祸于人，让大家去批评莎士比亚。

近年来，由美国马塞诸塞州大学马塞诸塞州文艺复兴研究中心的主任亚瑟·肯莱领导的一个研究小组用"电脑指纹"（电脑指纹是由已知著作创建的，再用来比较不知名作品的指纹，看是否能匹配）分析了莎士比亚的文学作品，驱散了人们的这一疑惑。

为鉴别莎士比亚作品的真伪，亚瑟·肯莱领导的研究小组首先建立了庞大的数据库，里面有好几十万字的莎士比亚作品和他同时代的其他剧作家的作品。然后，他们用一种叫电脑文体论的方法来分析其中的文字的用法、出现频率、短语的拼写与放置位置，还有通用和稀用单词。比如，"gentle"一词在莎士比亚作品中出现的频率几乎是其他作者所著作品的2倍。而且，莎士比亚戏剧中频繁发现在"hail"前加上"farewell"。

计算机通过大量的统计分析确认，莎士比亚确实是这些作品唯一的作者。

莎士比亚

莎士比亚（1564—1616），英国文艺复兴时期剧作家、诗人。莎士比亚的代表作有四大悲剧：《哈姆雷特》《奥赛罗》《李尔王》《麦克白》。著名喜剧：《仲夏夜之梦》《威尼斯商人》《第十二夜》《皆大欢喜》。历史剧：《亨利四世》《亨利五世》《查理二世》。正剧、悲喜剧：《罗密欧与朱丽叶》。还写过154首十四行诗，两首长诗。本·琼森称他为"时代的灵魂"，马克思称他和古希腊的埃斯库罗斯为"人类最伟大的戏剧天才"。

数学还《静静的顿河》清白

前苏联作家米哈依尔·肖洛霍夫的名著《静静的顿河》出版后，有人怀疑这本书是从一个名不见经传的哥萨克作家克留柯夫那里抄袭来的。在这种情况下，捷泽等学者决定采用"计算风格学"（利用计算机计算一部作品或作者平均词长和平均句长，对作品或作者使用的字、词、句的频率进行统计研究，从而了解作者的风格，这被称为"计算风格学"）的方法来考证《静静的顿河》真正的作者。

他们从《静静的顿河》4卷本中随机地挑选了2 000个句子，再从没有疑问的肖洛霍夫和克留柯夫的小说中各取一篇小说，从中随机地各选出500个句子，一共是三组样本共3 000个句子，输入计算机进行处理。根据二人的句子结构分析，捷泽等人已有充分的事实证明《静静的顿河》确定是肖洛霍夫的作品。后经法国文学研究者使用计算机经过更严格精确的考证，进一步确定了《静静的顿河》确实是肖洛霍夫写的。

圆周中的回环诗

有一种诗体叫回环诗，又称回文诗。关于回环诗有这样一个故事：宋代文学家苏东坡和秦观是好友。一次，苏东坡去秦观家，正巧秦观不在，久等不见归，于是留短信，回家了。秦观回家见之，趁游兴未消，挥笔写下即兴之作，命家人送到苏家，苏东坡看罢，连声称妙。

秦观写的这首回环诗共14个字，写在图中的外层圆圈上。读出来共有4句，每句7个字，写在图中内层的方块里。这首回环诗，要把圆圈上的字按顺时针方向连读，每句由7个相邻的字组成。第一句从圆圈下部偏左的"赏"字开始读；然后沿着圆圈顺时针方向跳过两个字，从"去"开始读第二句；再往下跳过三个字，从"酒"开始读第三句；再往下跳过两个字，从"醒"开始读第四句。四句连读，就是一首好诗：

　　赏花归去马如飞，
　　去马如飞酒力微。
　　酒力微醒时已暮，
　　醒时已暮赏花归。

这四句读下来，我们眼前会出现这样一幅画面：姹紫嫣红的花，蹄声笃笃的马，颤颤巍巍的人，暮色苍茫的天。如果继续顺时针方向往下跳过三个字，就回到"赏"字，又可将诗重新欣赏一遍了。

生活中的圆圈，在数学上叫做圆周。一个圆周的长度是有限的，但是沿着圆周却能一圈又一圈地继续走下去，周而复始，永无止境。回环诗把诗句排列在圆周上，前句的后半，兼做后句的前半，用数学的趣味增强文学的趣味，用数学美衬托文学美。

回文诗是我国古典诗歌中一种较为独特的体裁。一般释义是："回文诗，回复读之，皆歌而成文也。"回文诗，顾名思义，就是能够回还往复，正读倒读皆成章句的诗篇。它是我国文人墨客的一种文字游戏，并无十分重大的艺术价值，但也不失为中华文化独有的一朵奇花。诗反复咏叹的艺术特色，达到其"言志述事"的目的，产生强烈的回环叠咏的艺术效果。

回文诗有很多种形式，如"通体回文"、"就句回文"、"双句回文"、"本篇回文"、环复回文"等。"通体回文"是指一首诗从末尾一字读至开头一字另成一首新诗。"就句回文"是指一句内完成回复的过程，每句的前半句与后半句互为回文。"双句回文"是指下一句为上一句的回读。"本篇回文"是指一首诗词本身完成一个回复，即后半篇是前半篇的回复。"环复回文"是指先连续至尾，再从尾连续至开头。

现以七言句为例，教大家两种回文诗的撰法。

1. 单句回文

可把七字当成四字创作。

如："甲乙丙丁丙乙甲"（例：碧峰千点千峰碧）。

分为："甲乙丙丁"（例：碧峰千点）和"丁丙乙甲"（例：点千峰碧）。

这两句的文字完全相同，所以只要作出了前四字，也就创作出了一句单句回文。前两字"甲乙"只要是能颠倒成文的词就可采用。关键在寻找"丙"字，"丙"字要能成为"甲乙"和"丁"的连接词，使两部分连接成义。"丁"字的选择只要能与"丙"字正反连接成义就可以了。

2. 双句回文

把七字分成前后两小组，前四字为一小组，后四字为一小组，中间一个字是共用字。

如："甲乙丙丁戊己庚"（例：烟含瘦影梅窗小）。

"庚己戊丁丙乙甲"（例：小窗梅影瘦含烟）。

分为："甲乙丙丁"（例：烟含瘦影）和"丁戊己庚"（例：影梅窗小）。

前部分四字与单句回文相同，后部分则反读为"庚己戊丁"后，同样归照单句回文的方式创作。

例：

悠悠绿水傍林隈，　　开篷一棹远溪流，
日落观山四壁回。　　走上埂花踏径游。
幽林古寺孤明月，　　来客仙亭闲伴鹤，
冷井寒泉碧映台。　　冷舟渔浦满飞鸥。
鸥飞满浦渔舟冷，　　台映碧泉寒进冷，
鹤伴闲亭仙客来。　　月明孤寺古林幽。
游径踏花埂上走，　　回壁四山观落日，
流溪远棹一篷开。　　隈林傍水绿悠悠。

秦　观

秦观（1049—1100），字少游，一字太虚，号淮海居士，别号邗沟居士。江苏高邮人。北宋中后期著名词人，与黄庭坚、张耒、晁补之合称"苏门四学士"，颇得苏轼赏识。其散文长于议论，《宋史》评其散文"文丽而思深"。其诗长于抒情，敖陶孙《诗评》说："秦少游如时女游春，终伤婉弱。"其词大多描写男女情爱和抒发仕途失意的哀怨，文字工巧精细，音律谐美，情韵兼胜，历来词誉甚高。然而其词缘情婉转，语多凄黯。有的作品终究气格纤弱。代表作为《鹊桥仙》（纤云弄巧）、《望海潮》（梅英疏淡）、《满庭芳》（山抹微云）等。

延伸阅读

卓文君的数字诗

司马相如与卓文君终成眷属后不久，汉武帝下诏来召，相如与文君依依惜别。岁月如流，不觉过了五年。文君朝思暮想，盼望丈夫的家书。万没料到盼来的却是写着"一、二、三、四、五、六、七、八、九、十、百、千、万"十三个数字的家书。文君反复看信,明白丈夫的意思。数字中无"亿",表明已对她无"意"。文君苦等等到的是一纸数字,知其心变,悲愤之中,就用这数字写了一封回信:

一别之后,两地相思,说的是三四月,却谁知是五六年。七弦琴无心弹,八行书无可传,九连环从中折断。十里长亭望眼欲穿。百般怨,千般念,万般无奈把郎怨。

万语千言道不尽,百无聊赖十凭栏。重九登高看孤雁,八月中秋月圆人不圆。七月半烧香秉烛问苍天,六月伏天人人摇扇我心寒,五月榴花如火偏遇阵阵冷雨浇花端,四月枇杷黄,我欲对镜心意乱;忽匆匆,三月桃花随流水;飘零零,二月风筝线儿断。噫!郎呀郎,巴不得下一世你为女来我为男。

司马相如对这首用数字连成的诗一连看了好几遍,越看越觉得对不起对自己一片痴情的妻子。终于用驷马高车,亲自回乡,把文君接往长安。